太阳模拟器技术与应用

刘　石　张国玉　苏　拾　等　著

科学出版社

北　京

内 容 简 介

本书首先介绍太阳模拟器的国内外研究现状;其次介绍太阳模拟技术相关术语与太阳模拟器的分类;再次详细论述太阳模拟器光学系统与机械系统设计方法;最后详细介绍太阳模拟器的装调方法,并给出太阳模拟器的几个典型应用实例。

本书内容丰富,其中很多内容都是从作者的研究和工程实践中归纳、综合、提炼出来,并经过实际工作验证的研究成果,应用性较强,既可作为从事太阳模拟器技术研究的工程技术人员的参考书,也可供高等院校相关专业的师生参考。

图书在版编目(CIP)数据

太阳模拟器技术与应用/刘石等著. —北京:科学出版社,2020.12
ISBN 978-7-03-066984-1

Ⅰ.①太… Ⅱ.①刘… Ⅲ.①太阳模拟器 Ⅳ.①V524.2

中国版本图书馆 CIP 数据核字(2020)第 230535 号

责任编辑:狄源硕 韩海童 / 责任校对:樊雅琼
责任印制:吴兆东 / 封面设计:无极书装

科 学 出 版 社 出版
北京东黄城根北街 16 号
邮政编码:100717
http://www.sciencep.com
北京中石油彩色印刷有限责任公司 印刷
科学出版社发行 各地新华书店经销
*
2020 年 12 月第 一 版 开本:720×1000 1/16
2020 年 12 月第一次印刷 印张:13
字数:262 000
定价:98.00 元
(如有印装质量问题,我社负责调换)

本书作者名单

刘　石　张国玉　苏　拾

孙高飞　张　健　张　宇

徐　达　杨松洲

前　　言

太阳模拟器是一种模拟地球外层空间太阳光辐射的装置，在太阳敏感器的地面试验与精度标定、气象辐射表的性能测试、空间目标特性与新材料新器件的性能测试等方面得到了广泛的应用。

本书共分为 6 章，第 1 章介绍太阳模拟器的国内外研究现状，并分析太阳模拟器的发展趋势；第 2 章阐述太阳辐射模拟理论的基本术语与定义；第 3 章详细介绍不同类型太阳模拟器的组成和工作原理，并按光学系统和光源类型的不同对太阳模拟器进行分类；第 4 章详细论述太阳模拟器光学系统设计方法，包括光源选取与建模、聚光系统设计、光学积分器设计、准直光学系统设计、光学系统能量传递分析和仿真分析方法；第 5 章详细论述太阳模拟器的机械系统设计方法，并运用 ANSYS 软件对热量集中的零部件进行热学分析，给出合理的优化方法，从而确保太阳模拟器各项功能的实现；第 6 章介绍太阳模拟器的技术指标及评价方法，并系统阐述太阳模拟器的装调方法与指标测试方法。

本书的主要内容是作者多年来的研究成果，一些内容引用了相关文献资料，均已列于各章后，在此对参考文献的作者表示感谢。张宇、王昊、杨俊杰、吴凌昊等为本书做了整理工作，在此表示感谢！

由于作者水平有限，衷心希望广大读者对书中的不足之处给予批评指正。

作　者

2020 年 3 月 1 日

目　　录

第1章 概　　述

1.1　太阳模拟器技术

太阳模拟技术起源于空间科学技术，早期太阳模拟器的研制是为了应对空间科学领域在地面开展空间环境模拟试验的需求，随后逐渐成为太阳能光伏发电、光热发电及太阳热化学等领域试验研究的重要组成部分[1]。

1.2　太阳模拟器研究现状

1.2.1　国外研究现状

太阳模拟器的研究起始于 20 世纪 60 年代初，美国最早研制了两台同轴系统太阳模拟器，功率和性能参数均很低，需要 100 只以上的光源才能获得所需辐照面积。1962 年，美国喷气推进实验室（jet propulsion laboratory，JPL）在直径为 7.6m 的空间环境模拟设备上建造的一套同轴太阳模拟器[2]，使用了 131 只 2.5kW 的汞-氙灯，辐照面为边长 3.35m 的正六边形，辐照度达 2152W/m^2，准直角为 5.3°，但辐照不均匀度只有±10%。1966 年，JPL 对上述的太阳模拟器进行了改造，即后来的 SS15B 太阳模拟器[3]，采用离轴准直光学系统代替原先设计的同轴光学系统，离轴角为 14°，光线方向朝下，最大的改进之处在于采用了 37 只 20kW 的大功率氙灯作为光源。准直镜为直径 7m 的整镜，接收面直径为 4.6m，由于使用了光学积分器，辐照不均匀度达到±4%，辐照度为 1453W/m²。SS15B 太阳模拟器拉开了大功率氙灯用于太阳模拟器的序幕[1]。

为了星际探测的需要，JPL 在 1972 年对 SS15B 太阳模拟器进行了第二次技术改造，目的是提高辐照度。通过对准直镜和光学积分器的升级，可分别模拟直径 3.4m 和 2.7m 的辐照面，辐照度分别达到 8 个太阳常数（1 个太阳常数=1353W/m²）和 12 个太阳常数。改造后的 SS15B 太阳模拟器原理图如图 1.1 所示。

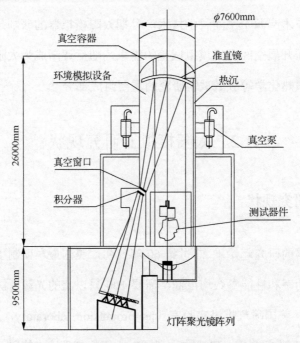

图 1.1　改造后的 SS15B 太阳模拟器原理图

1983 年，欧洲太空局在欧洲航天研究与技术中心（European Space Research and Technology Centre，ESTEC）空间环模设备基础上，建造了大型太阳模拟器，如图 1.2 所示[4]。采用离轴准直光学系统，离轴角为 29°，准直角为±1.9°，光源为倾斜点燃的 19 只氙灯，并采用高压去离子水冷却。准直镜为直径 7m 的球面反射镜，由 121 块正六方单元反射镜拼接而成。均匀辐照体为 6m×5m，辐照面不均匀度为±4%、辐照体不均匀度为±6%，辐照度为 1.61kW/m²。该太阳模拟器被国际上许多航天模拟系统效仿，我国 KM6 太阳模拟器也参考了该太阳模拟器的设计理念。

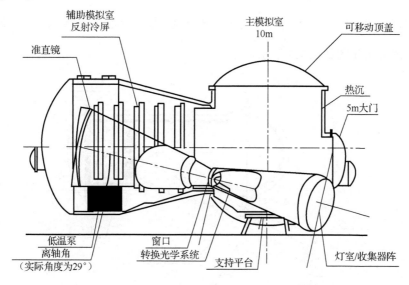

图 1.2 ESTEC 大型太阳模拟器示意图

1983 年，德国研制出 IABG（industrieanlagen betriebs gmbh）大型太阳模拟器[5]，采用离轴准直光学系统，离轴角 27°，辐照面直径 3.6m，辐照面不均匀度±4%，辐照体不均匀度±6%，辐照度达到 1895W/m²。氙灯选择倾斜点燃的方式，与水平面所成倾角范围在 15°～33°。后来经过技术改造，把光学积分器单元镜由圆形改为矩形，准直镜单元镜由 61 块增加到 84 块，扩大了准直镜的口径，并获得 3.05m×4.5m 的辐照面积。

1989 年，日本筑波空间中心的 NASDA 太阳模拟器研制成功[6]，可用于进行大型航天器的试验。主容器直径 16m、长 23m，辅容器直径 13m、长 16m。采用离轴准直光学系统，离轴角为 27.3°，准直角为±1.5°。准直球面镜的曲率半径为 45m，由 163 块六边碳纤维反射单元镜组成，准直镜的最大对角线长度约为 8.5m。光源由 19 只功率为 25kW 水平点燃的短弧氙灯组成，采用去离子水冷却。光学积分器由 55 个元素镜组成。该太阳模拟器的均匀辐照面为 6m×6m，辐照面不均匀度为±5%，辐照体不均匀度为±10%，辐照度达 1758W/m²。NASDA 太阳模拟器结构简图如图 1.3 所示。

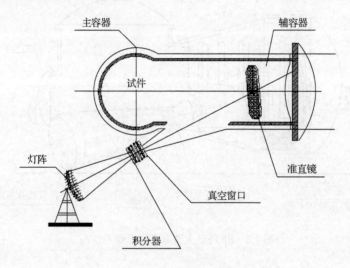

图 1.3　NASDA 太阳模拟器结构简图

俄罗斯作为航天大国，建有两台大型的太阳模拟器[7]。其中一台是由 12 组太阳模拟器单元拼接组成了 6m×22m 的辐照面，由 49 块面积为 4m×4m 单元镜拼接组成准直镜，并采用液氮冷却。该太阳模拟器的突出特点是上面两层太阳模拟器单元的输出光束经过平面反射镜的反射作用，垂直向下辐射，可同时照射试件相互垂直的两个面，其辐照度为 2030W/m²，辐照不稳定度为±1%/h，辐照不均匀度为±15%。另一台是在 BK600/300 设备上配备的太阳模拟器，其辐照面为 3m×8m，辐照度最高可达 2970W/m²，不稳定度为±1%，辐照不均匀度为±15%。

从这些性能参数可以看出，俄罗斯研制的大型太阳模拟器辐照面积很大，但辐照均匀度不高。太阳模拟器的工作原理简图如图 1.4 所示。

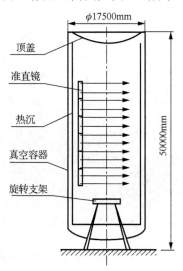

图 1.4 太阳模拟器的工作原理简图

20 世纪 70 年代，法国采用拼接准直镜技术研制了 INTESPACE 太阳模拟器。INTESPACE 太阳模拟器的辐照面直径为 3.8m，准直角为 ±1.5°，包含 34 只 5kW 氙灯，辐照度为 1894W/m²，辐照面不均匀度 ±5%、辐照体不均匀度 ±8%，辐照不稳定度为 ±0.5%，目前该太阳模拟器仍在使用。

1991 年，印度为配合大型空间环境模拟器的建设，设计了一种太阳模拟器。该太阳模拟器的辐照不均匀度为 ±4%，使用 11 只 20kW 氙灯时辐照面直径可达 4m，使用 14 只氙灯时辐照面直径可达 4.5m[8]。

1994 年，美国科罗拉多州立大学的 Kenney 等设计了一种采用 28 只电功率为 1kW 的汞碘气体放电灯作为光源的太阳模拟器[9]，如图 1.5 所示。28 只光源分成 4 列成交错排列，单灯之间的距离与行距均为 0.45m，辐照面为 1.22m×2.44m，测试面距离灯阵平面 3.05m，辐照度平均值为 1080W/m²，最大辐照度 1190W/m²，最小辐照度 980W/m²。

图 1.5　科罗拉多州立大学太阳模拟器

2003 年,瑞士苏黎世联邦理工学院 Hirsch 等采用功率为 200kW 的长条形高压氙弧灯作为光源研制了太阳模拟器[10]。光源采用旋转膜去离子水流动换热,如图 1.6 所示。在焦点区域可产生 75kW 的连续辐射功率,焦点区域的最大辐照度达 4250W/m^2,可以产生 2900K 的高温。

图 1.6　瑞士苏黎世联邦理工学院太阳模拟器

2007 年，瑞士保罗谢尔研究所（Paul Scherrer Institute）制造的太阳模拟器采用 10 组 15kW 短弧氙灯为光源，10 组光源分 3 层布置，氙灯水平点燃，如图 1.7 所示[11]。汇聚后焦点处的光斑直径为 120mm，焦点处的辐照度呈现高斯分布，最大辐照度达 11000 个太阳常数，焦平面内总辐通量可达 50kW。该太阳模拟器主要用于热化学试验及超高温环境的实现。

图 1.7　瑞士保罗谢尔研究所太阳模拟器

2009 年，Proyecson 公司建造了水平放置的单灯太阳模拟器[12]，该太阳模拟器由一个 7kW 氙灯和椭球聚光镜组成，且电源箱具有电流强度可调功能，电流可在 113～153A 范围内连续输出，其主要用于测试不同体积式接收器热效率及动态特性，如图 1.8 所示。利用直径 15mm 的光伏电池对焦平面上光斑辐照度进行测试，结果显示：输入电流为 153A 时，辐照度峰值为 3583kW/m^2；输入电流为 113A 时，辐照度峰值为 2076kW/m^2，焦平面上平均辐照度为 889～2220 个太阳常数。

（b）聚光系统照片

（a）太阳模拟器总体照片　　　　　　　　　　（c）测试现场

图 1.8　Proyecson 公司太阳模拟器

2010 年，麻省理工学院研制了由 7 只金属卤化物灯和二次六角锥形集中器组成的太阳模拟器[13]，其主要应用在聚光热或聚光伏发电系统热性能测试领域，如图 1.9 所示。将直径 29mm 的铝盘置于焦平面不同位置，当铝盘达到热平衡时，通过计算铝盘的能量损失来计算该点辐照度值，结果显示：二次集中器出口的中心辐照度峰值为 60 个太阳常数，平均辐照度为 45 个太阳常数，辐照度分布呈高斯分布。

2015 年，Okuhara 等设计了由 20 只 5kW 氙灯线性阵列组成的线聚焦太阳模拟器[14]，每个灯单元配备复眼和菲涅尔透镜以使得光辐射密度更加均匀，其用于槽式抛物面接收器热收集效率评价，如图 1.10 所示。

同时，进入 21 世纪后，随着光源技术的发展，各个国家纷纷采用发光二极管（light emitting diode，LED）作为光源研制太阳模拟器。2006 年，东京农业科技大学研制出 MK-2 型 LED 太阳模拟器[15]，如图 1.11 所示。选取了四种峰值波长且发散角在 30°～35°的螺帽型 LED，光源结构采用矩形网格分布，以 4 个灯为一组，共 256 组，最终的辐照面积可达 205mm×205mm，并能通过垫片调整辐照距离，此模拟器的辐照不均匀度为±5%。之后在 2008 年东京农业科技大学继续推出了 MK-3 型 LED 太阳模拟器，如图 1.12 所示。使用的 LED 组更换为一个蓝色（473nm）、一个红色（643nm）和两个红外（845nm）为一单元，共 576 单元，2304个高亮 LED，面积达到 335mm×335mm，辐照强度 0.42 个太阳常数（$1S_0$=1353W/m^2）。

图 1.9　麻省理工学院太阳模拟器

图 1.10　Okuhara 等研制的线聚焦太阳模拟器

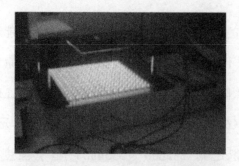

图 1.11　日本 MK-2 型 LED 太阳模拟器

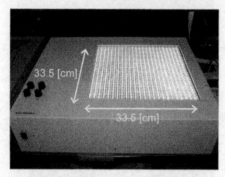

图 1.12　日本 MK-3 型 LED 太阳模拟器

2011 年，美国的 Bazzi 等研发出一种基于 LED 的高效、低成本、多功能太阳模拟器[16]，如图 1.13 所示。可在太阳能电池和其他光敏器件的测试试验中产生良好的特征光谱。六种颜色的 LED 独立控制，模拟一系列不同光源和太阳光谱。试验仿真结果显示，太阳模拟器在 100mm×50mm 的面积上可达 C 级标准。

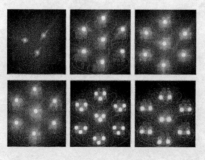

图 1.13　美国 Bazzi 等研发的太阳模拟器试验原型

2017 年，美国 Newport 公司研发出 LSH-7520 型 LED 太阳模拟器，如图 1.14 所示[17]。在 400～1100nm 范围内选取了 19 个 LED 排布组成光源模块。其辐射光斑为 51mm×51mm，实现辐照度为 0.1～1 个太阳常数可调。此太阳模拟器光谱匹配度、辐照均匀度、辐照不稳定度均达 A 级标准。另外，可通过 USB 端口单独调节每个 LED 的输出，使用过的光谱匹配会作为控制仪表中的预置值保存。

图 1.14 美国 LSH-7520 型 LED 太阳模拟器

2016 年，德国的 Felix Schubert 研制了一种太阳模拟器[18]，使用 19 个 LED 作为光源。试验得到结论，在相同的行业标准下，以光谱可调性为主要参考，LED 太阳模拟器的性能相比于之前的氙灯太阳模拟器，性能更加出众。光谱辐照度对比图如图 1.15 所示。

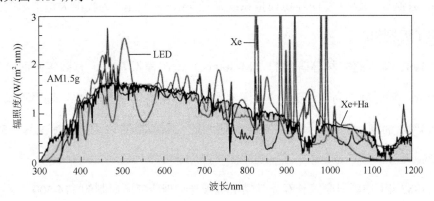

图 1.15 光谱辐照度对比图

1.2.2　国内研究现状

我国对太阳模拟器的研制起步比国外晚，很多早年的研究成果借鉴了国外的研制经验。近年来，随着越来越多的相关研究所和高校投入到对太阳模拟技术的研究工作中，我国在太阳模拟技术方面获得了飞速的发展，应用范围也越来越广泛，并且研制成功了很多新型的太阳模拟器。

1961 年，黄本诚等承担了我国第一批空间环境模拟设备的研制工作，包括KM1、KM2 设备[2]，辐照度能达到 0.5～1.2 个太阳常数，功率连续可调，该模拟器的建设为我国人造卫星的发射做出了贡献。

1966 年，KM3 空间环境模拟设备建成，为我国返回式卫星、科学试验卫星等提供了空间试验环境[19,20]。1978 年建设的 KFT 高精度小型太阳模拟器辐照面积为 360mm^2，辐照度为 0.5～3.0 个太阳常数，连续可调，辐照不均匀度为±4%，辐照不稳定度为±3%，该设备加装滤光片后的光谱曲线符合美国国家航空航天局（National Aeronautics and Space Administration，NASA）标准。KM4 空间环境模拟系统于 1967 年提出研制建议，1968 年开始建设，最终设计方案由 37 只氙灯改为 19 只氙灯，KM4 空间环境模拟系统直径 7m、高 12m，为我国大型卫星的发射做出了贡献[21]。

1981 年，赵吉林等研制的 TM-3000A1 太阳模拟器[22]，有效辐照面直径为200mm，辐照度最高可达 1.5 个太阳常数，辐照不均匀度为±3%，辐照不稳定度为±1%，而同一时期，日本牛尾电气研制的太阳模拟器该两项指标仅为±5%和±2%。

1982 年，中国科学院长春光学精密机械与物理研究所研制的 TM-500 系列小型太阳模拟器性能达到当时国际标准中的 A 级水平[23]，该研究所当时研制的精确准直型太阳模拟器及遥感室内模拟试验用太阳模拟器同样达到国外同类仪器先进水平。

1986 年，刘国新等采用金属卤化物锴灯[24]，研制了用于平板集热器性能测试的太阳模拟器，并对该太阳模拟器的光谱、辐照不均匀度和辐照不稳定度等进行了试验研究，通过模拟器试验结果与室外试验结果的对比，对室内试验结果提出了修正公式。

1987 年，KM6 太阳模拟器由航天五院开始建设[25]，采用 19 只 20kW 氙灯作为光源，主模拟室直径 12m、高 22m，辅容器直径 7.5m、长 15m，辐照面直径为 6m，辐照度为 500～1760W/m²，主模拟室 3200m³，辐照面不均匀度优于±5%，辐照体不均匀度优于±6%。KM6 先后完成了"神舟一号"至"神舟六号"宇宙飞船及"资源 2 号"等设备的空间环境试验。KM6 是当今世界三大载人航天器空间环境试验设备之一，总体性能达到国际同类设备先进水平。

1995 年，郎永志等对我国的 TM-500 太阳模拟器的光谱辐照度分布进行了试验研究[26]，通过滤光片的变换实现 AM0、AM1、AM1.5 的标准太阳光谱分布。同时，辐照度分布优于 A 级太阳模拟器，用于标定一级标准太阳电池设备时，标准精度优于 1%。

2004 年，尉敏研究了白炽灯、卤钨灯、氙灯及锴灯的发光光谱[27]，发现白炽灯、卤钨灯的色温较低，光线主要分布在红外区域，紫外和可见光部分占的比例偏少，不适合做太阳模拟器光源；锴灯光谱分布与太阳光接近，可见光区域可达到 A 级太阳模拟器要求，整体上可达 B 级太阳模拟器要求。

2009 年，张容等研制了一台辐照面直径为 600mm 的 KFTA 太阳模拟器[28]，采用一只 20kW 氙灯为光源，KFTA 太阳模拟器辐照度范围为 650～1760W/m²，辐照不均匀度优于±4%。同年，北京卫星环境工程研究所研制出一种高辐照度、高均匀度和高稳定性的太阳模拟器[29]。采用积分球作为匀光器件，并且配有光谱校正及测量系统，用于对卫星遥感器辐射定标，辐照不稳定度为±1.0%/h，积分球出射口的辐照不均匀度为±1.3%。该太阳模拟器光谱符合国际照明委员会测定的太阳光谱分布曲线的指标要求。

2006 年，王元等采用 188 只 400W 反射型镝灯构造了 4.5m×3.88m 的矩形灯阵太阳模拟器模拟沙漠环境[30]，在距离灯阵 2m 处的辐照度达到 1000W/m^2，辐照不均匀度小于 5%，辐照不稳定度小于 2%，满足 B 级太阳模拟器的要求。同年，国防科技大学的吴大军等根据 KM6 太阳模拟器控制理论[31]，研究了绝对辐射计和光电池两种方法在太阳模拟器辐照度测量上的差异，认为可采用光谱响应范围宽的绝对辐射计测试值为依据，对光电池测试值进行定期修正，而利用光电池的响应速度快的特点，将其作为辐照度控制系统的反馈信号，从而实现对太阳模拟器辐照度的控制。

2008 年，苏杰采用 Light-Tools 光学分析软件模拟了该太阳模拟器光照范围内的辐照度，结果表明反射镜分别加镀铝膜和银膜时，铝膜从反射性能及经济上综合考虑要比银膜效果更好[32]。同年，李果华等研制了一款 LED 太阳模拟器[33]，具有对 AM1.5 标准太阳光照射下的太阳能电池或小型光伏组件的发光效率进行测试的功能。利用多个不同颜色的 LED 进行光谱混合，达到太阳光谱中近红外到近紫外波段的全覆盖。通过控制 LED 的电流来控制各个波段的光强。该模拟器由 LED 光源、光学混合处理系统、光谱修正系统、控制器等组成。LED 光源发出光线经光学混合系统合成复色光，再利用光谱修正系统筛选无用光谱或增强某一光谱，使其与太阳光谱更加吻合。此设计加快了对国内太阳模拟器的研究进程，对后续的太阳模拟器优化创新起到了决定性作用。

2009 年，天津大学罗青青采用氙灯与变温黑体双光源相结合的方式设计了宽光谱的太阳模拟器[34]，结构如图 1.16 所示。光谱范围可达 0.4～12.0μm。其中，波长范围在 0.4～1.4μm，采用 600W 氙灯加 AM 1.5G 滤光片为光源，波长范围在 1.4～12.0μm，采用变温黑体为光源，两种光源经过合束器后，经过同一准直物镜输出，经理论分析和计算确定了整个宽光谱范围太阳模拟器的光路模型，获得了 1.0～3.0μm、3.0～5.0μm、8.0～12.0μm 范围内的最佳黑体匹配温度。

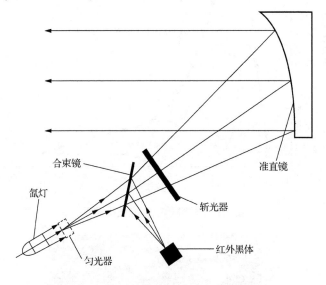

图 1.16 宽光谱太阳模拟器结构图

同年，中北大学的周卫华等开发了一台具有全光谱模拟的新型太阳模拟器[35]。利用 LED 复合太阳光谱，采用波谱曲线分峰拟合技术选择所需的 LED。具体方法是先用软件对标准太阳光谱图像进行曲线拟合，再对曲线进行分峰拟合，最终得出各个分峰峰值所对应的波长。将 LED 光源经光学积分球复合，并辅以电位器和直流稳压源调节亮度，即可接近太阳光谱，光谱模拟结果如图 1.17 所示。

长春理工大学苏拾等也开展了大量的太阳模拟器研制工作[36]。研制了卫星物理仿真试验用运动式太阳模拟器和自主导航试验用太阳模拟器，其在航天器姿态测量部件的地面模拟试验和标定中得到应用。图 1.18 为运动式太阳模拟器。该太阳模拟器可以精确调整辐照方向和模拟太阳光斑运动轨迹，方位和俯仰角控制精度达到 0.02°，太阳模拟器运行平稳。

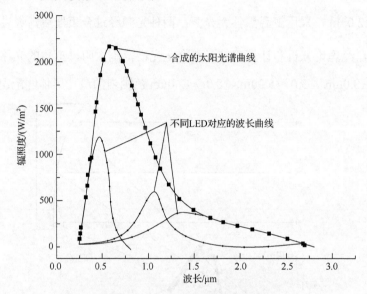

图 1.17　软件模拟分峰模拟结果

图 1.18　运动式太阳模拟器

2012 年，刘洪兴等设计了一台积分球太阳模拟器[38]（图 1.20），光源采用几种 LED 复合组成，为保证太阳模拟器的光强需求，加以氙灯作为基底光源。模拟器光源是经过退火算法得出的光谱合成精度最高的 LED 组合，选用 Epitex 公司的 53 种单色 LED 和氙灯进行充分混光，设计四个环带模块，令 LED 三角形分布在每个环带上。试验结果显示，模拟器可对 AM1.5 标准太阳光谱实现完全模拟，其辐照不均匀度均小于±3%。

2013 年，长春理工大学苏拾等研制了多功能气象辐射计量检测系统[37]（图1.19）。其中作为系统的重要组成部分——太阳模拟器，其辐照面直径为 200mm，最大辐照度达到 1200W/m² （在 100～1200W/m² 连续可调，光谱与 A 级 AM1.5 太阳光谱相匹配），辐照面直径为 60mm，不均匀度为±1%；辐照面直径为 60～170mm，不均匀度为±2%，辐照不稳定度为±1%/h。

图 1.19 多功能气象辐射计量检测系统

2015 年，江南大学与南京浦光公司合作开发了一款 LED 太阳模拟器[39]（图 1.21），该模拟器采用峰值波长分别为 460nm、525nm、625nm、730nm、850nm、940nm 的 6 种大功率 LED 作为光源。由于 LED 发光角度过大，工作过程中会产生能量浪费，所以加入了具有聚光功能的光学系统，有效地降低了模拟器的辐照不均匀度。结果表明：该 LED 太阳模拟器在 160mm×160mm 的有效辐照面积上可以达到 AAA 级标准。

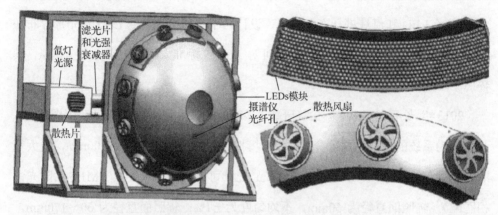

图 1.20　积分球太阳光谱模拟器的结构图

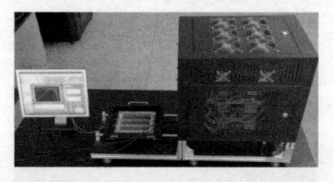

图 1.21　江南大学与南京浦光公司合作开发的 LED 太阳模拟器

2016 年，中国航天科工集团第二研究院 207 所自发研制了我国最大的真空太阳模拟器[40]。该太阳模拟器是国内用于真空系统中最大的太阳模拟器，也是国际大型太阳模拟器之一，其主要作用是为真空测试环境提供照射光源，通过模拟真实太阳的发光特性，实现外太空环境的太阳辐照模拟及可变条件的光照特性模拟。该太阳模拟器具有大尺寸光斑、均匀度和稳定性良好、能长时间持续工作等优势，是我国目前该类设备中光照直径和辐照度最大的,有效光照直径达到 5m,最大辐照度可达 1.3 个太阳常数,如图 1.22 所示。

图 1.22 最大的真空太阳模拟器

2017 年,陕西众森电能科技有限公司推出了直射式长脉冲太阳模拟器[41](图 1.23)。直射光比例越高,越接近真实太阳光照射,长脉冲解决了电容效应带来的测试偏差,满足高效电池测试需求,设备的脉冲测试宽度由原来的 10ms 拓展至 100ms,光谱范围从 400~1100nm 拓展至 300~1200nm,电子负载优化设计,测试准确性大幅提高。

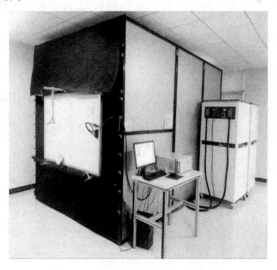

图 1.23 直射式长脉冲太阳模拟器

1.3　太阳模拟器发展趋势

随着航天事业及太阳能发电行业的迅猛发展，越来越多的国家投入大量技术和财力开展太阳模拟器的研究和建设，以便获得高精度大功率的太阳模拟器用于试验研究。太阳模拟器的未来发展趋势主要包括以下几个方面。

（1）光谱分布更加真实。综合考虑光源、聚光及滤光等诸多方面因素，进一步提高太阳模拟器光谱与实际太阳光谱的一致性。

（2）功率更大。太阳能发电和热化学领域，聚光光伏、光热发电、太阳能热化学反应都是未来发展的重点技术，大功率太阳模拟器是开展这些研究工作必不可少的工具之一。

（3）辐照度的均匀度更好。进一步提高太阳模拟器辐照度的均匀度是设备性能需提升的要素之一。

（4）功率的连续可调。目前已有的太阳模拟器的功率或固定或分几个等级，为满足实现不同季节、不同地域的太阳辐照度的需求，功率的平稳连续可调是未来太阳模拟器必须要具有的关键技术。

（5）考虑雨、雪、风、霜、云等天气状况的影响。太阳模拟器最终要实现的是一个真实空间环境，实现多种天气因素组合的空间环境工况是未来太阳模拟器发展的理想目标。

参 考 文 献

[1] 杜景龙, 唐大伟, 黄湘. 太阳模拟器的研究概况及发展趋势[J]. 太阳能学报, 2012, 33(增刊 1): 70-76.

[2] 黄本诚, 刘涛波, 李志胜. 空间模拟器设计技术[M]. 北京:中国宇航出版社, 2017.

[3] EDDY R. Design and construction of JPL SS15B solar simulator[R]. California: National Aeronautics and Space Administration, 1968.

[4] BRINKMAN P W. Main characteristics of the large space simulator(LSS) at ESA/ESTEC[C]// Proceedings of the 13th Space Simulation Conference, NASA Conference Publication 22340, Orlando, Florida, 1984.

[5] FEIL O G, FREY H-U. Solar simulation with rectangular beam[C]//Proceedings of the 15th Space Simulation Conference. 1-3 November Williams burg 1988, NASA Conference Publication 3015, 1988: 278-288.

[6] NAUKAMURA Y, TOMITA T. Environmental testing for space programmes test: facilities and method[C]//Proceedings of an International Symposium, Paris: European Space. Agency, 1990.

[7] 杨林华, 李竑松. 国外大型太阳模拟器研制技术概述[J]. 航天器环境工程, 2009, 26(2): 99, 162-167.

[8] SATISH R. Preparations and performance of large space simulation chamber(LSSC). During INSAT-2E solar simulation thermal balance and thermal vacuum performance tests[C]//Proceedings of the 21th Space Simulation Conference, 2000.

[9] KENNEY S, DAVIDSON J. Design of a multiple-lamp large scale solar simulator[J]. Journal of Solar Energy Engineering, 1994, 116(2): 200-205.

[10] HIRSCH D, ZEDTWITZ V, OSINGA T, et al. A new 75 kW high-flux solar simulator for high temperature thermal and thermochemical research[J]. Journal of Solar Energy Engineering, 2003, 125(1): 117-120.

[11] JORG P, PATRICK C, ANTON M, et al. A Novel 50kW 11000 suns high-flux solar simulator based on an array of Xenon arc Lamps[J]. Journal of Solar Energy Engineering, 2007, 129(5): 405-411.

[12] GOMEZ-GARCIA F, GONZALEZ-AGUILAR J, ROMERO M. Experimental 3D flux distribution of a7kWe-Solar simulator[C]. SolarPaces Conf, Granada, Spain, 2011.

[13] CODD D S, CARSLON A, REES J, et al. A low cost high flux solar simulator[J]. Solar Energy, 2010, 84(12): 2202-2212.

[14] OKUHARA K T, TSUTSUI T. A solar simulator for the measurement of heat collection efficiency of parabolic trough receivers[J]. Energy Procedia, 2015, 69(5): 1911-1920.

[15] KOHRAKU S, KUROKAWA K. A fundamental experiment for discrete-wavelength LED solar simulator[J]. Solar. Energy Materials and Solar Cells, 2006, 90(18-19): 3364-3370.

[16] BAZZI A M, KLEIN Z, SWEENEY M, et al. Solid-state light simulator with current-mode control[C]. IEEE Applied Power Electronic Conference and Exposition, 2011: 2047-2053.

[17] Oriel VeraSol-2 LED Simulator Datasheet[EB/OL]. [2017-12-01]. http://www.newport.com.

[18] SCHUBERT F, SPINNER D. Solar simulator spectrum and measurement uncertainties[C]//Procceeding of the 6th International Conference on Silicon Photovoltaics, SiliconPV 2016, Energy Procedia 92, 2016: 205-210.

[19] 韩吉祥. 关于太阳模拟器电源的理论和实践[J]. 航天器环境工程, 2003: 7-18.

[20] 向艳红, 张容, 黄本诚. KFTA 太阳模拟器辐照均匀度仿真[J]. 航天器环境工程, 2006, 23(5): 288-292.

[21] 黄本诚. KM4 大型空间环境模拟设备[J]. 真空科学与技术, 1988, 8(6): 33-39.

[22] 赵吉林, 仲跻功, 陈兴. TM-3000A1 太阳模拟器的研究[J]. 太阳能学报, 1981, 2(4): 417-424.

[23] 陈兴. 长春光机所综合厂的太阳模拟器[J]. 太阳能, 1984(2): 33.

[24] 刘国新, 马薇. 金属卤化物镝灯太阳模拟器[J]. 太阳能学报, 1986, 7(4): 437-442.

[25] 黄本诚, 庞贺伟, 臧友竹, 等. KM6 太阳模拟器的研制方案与进展[J]. 航天器环境工程, 2003, 20(1): 1-4.

[26] 郎永志, 于培诺, 仲跻功, 等. 太阳模拟器的光谱辐照度分布[J]. 光学精密工程, 1995, 3(3): 25-29.

[27] 尉敏. 太阳辐射全光谱模拟人工光源的实验研究[D]. 西安: 西安建筑科技大学, 2004.

[28] 张容, 李竑松, 向艳红, 等. KFTA 太阳模拟器研制[J]. 航天器环境工程, 2009, 26(6): 548-553.

[29] 杨林华, 闫达远, 史瑞良. 积分球太阳辐照模拟源的研制[J]. 航天器环境工程, 2005, 22(2): 116-119.

[30] 王元, 张林华. 一种新型全光谱太阳模拟器设计[J]. 太阳能学报, 2006, 27(11): 1132-1137.

[31] 吴大军, 雷志辉. 太阳模拟器辐照度控制技术研究[D]. 长沙: 国防科技大学, 2006.

[32] 苏杰. 全光谱日光模拟器的辐照特性研究[D]. 西安: 西安建筑科技大学, 2008.

[33] 李果华, 钱维莹. LED 太阳模拟器: 200810025522. 1[P]. 2008-10-22.

[34] 罗青青. 宽光谱太阳模拟器的理论分析与整体设计[D]. 天津: 天津大学, 2009.

[35] 周卫华, 周汉昌. LED 太阳模拟器的研究[J]. 红外, 2009, 30(3): 46-48.

[36] 苏拾, 徐熙平, 张国玉, 等. 太阳模拟器回转运动系统研究[J]. 长春理工大学学报, 2011, 34(2):24-27.

[37] 苏拾, 张国玉, 王凌云, 等. 气象辐射计量检测用太阳模拟器性能分析[J]. 长春理工大学学报, 2013, 36(5): 11-19.

[38] 刘洪兴, 孙景旭, 刘则洵, 等. 氙灯和发光二极管作光源的积分球太阳光谱模拟器[J]. 光学精密工程, 2012, 20(7): 1447-1454.

[39] 朱孔硕, 孙健刚, 李果华, 等. LED 太阳模拟器光谱匹配度与辐照不均匀度的实现[J]. 激光与光电子学进展, 2015, 52(12):187-192.

[40] 我国最大真空太阳模拟器研制成功[EB/OL]. (2016-7-12)[2016-7-22]. http://www.gov.cn/xinwen/2016-07/12/content_5090661.htm.

[41] 陕西众森. 陕西众森推出全球首台直射式长脉冲太阳模拟器[EB/OL].(2017-11-17)[2017-11-27]. http://www.sohu.com/a/205625132_589895.

第 2 章　太阳辐射模拟理论基础

2.1　太阳特性参数

太阳处于太阳系的中心，它的质量占太阳系总质量的 99.865%，是太阳系所有行星质量总和的 745 倍。同时，太阳也是热等离子体与磁场交织的理想球体。

太阳系中的八大行星、小行星、流星、彗星、外海王星天体及星际尘埃等，都围绕着太阳公转，而太阳则围绕着银河系的中心公转。唯一能观测到表面细节的恒星就是太阳，直接观测到的是太阳的大气层，它从里向外分为光球、色球和日冕三层，太阳的部分特性参数如表 2.1 所示。

表 2.1　太阳特性参数

指标	参数	指标	参数	指标	参数
分类	恒星黄色 G2 型矮星	表面温度	5770K	视星等	-26.74 等
光谱型	G2V	中心温度	1.5×10^7K	绝对星等	4.83 等
质量	1.9891×10^{30}kg	日冕层温度	5×200K	热星等	-26.82 等
体积	1.412×10^{18}km^2	总辐射功率	3.83×10^{26}J/s	绝对热星等	4.75 等

指标	参数	指标	参数	指标	参数
直径	1.392×10^{6}km	太阳运动速度	19.7km/s	太阳活动周期	11.04 年
表面面积	6.09×10^{12}km^2	表面脱离速度	618km/s	公转周期	2.5 亿年
密度	相对地球：0.26g/cm^3	逃逸速度	617.7km/s	自转周期	赤道处：27d6h36s
	相对水：1.3g/cm^3	表面重力加速度	2.74×10^{2}m/s^2		纬度30°：28d4h48s
平均密度	1.408×10^3kg/m^2	光度	383×10^{24}W		纬度60°：30d19h12s
距地距离	1.496×10^{11}m	发光度（LS）	3.82×10^{26}J/s		纬度75°：3d19h12s
日地最远距离	1.5210×10^{11}m	赤经	286.13°	太阳寿命	约 100 亿年
日地最近距离	1.4710×10^{11}m	赤纬	63.87°	太阳年龄	约 46 亿年

2.2　光辐射测量技术基础

由于人眼的特殊视觉特性，人眼主观上感受到的光辐射能量的强度与实际光辐射能量的强度并不相同。因此，光辐射测量中的度量方法分为两种：一种是物理的，是客观的，属于辐射度学的研究范畴，叫辐射度学量，简称辐射量；另一种则是人眼主观的感受，属于光度学的研究范畴，叫光度学量，简称光度量，是在辐射量的基础上叠加了人眼视见函数的影响。

2.2.1 光度学基本知识

早期，人们根据眼睛感觉的"明、暗"来判断可见光的"强、弱"，属定性测量。但随着生产的发展和科学技术的进步，特别是天文观测和人工照明的需要，要求对可见光做定量测量。

1729 年，P. 布给为比较天体亮度发明了目标光度计，这标志着光度学的诞生。1760 年，J. H. 朗伯创立了光度学的基本体系，成为光度学的重要奠基人。1860 年，英国的煤气法案正式规定了发光强度单位为烛光，同时规定了烛光的定义及标准光源。1881 年，国际电工技术委员会批准烛光为国际标准。1909 年，美国、法国、英国等国家决定用一组碳丝白炽灯来保持发光强度单位，取名为"国际烛光"，符号为"ic"，但碳丝白炽灯不具有可复现性，故不能作为原始标准。1937 年，国际计量委员会决定用铂点黑体作为光度原始标准（即光度基准），并规定其亮度为 60 熙提（1 熙提＝1 烛光/cm²），由此导出的发光强度单位叫坎德拉，符号为"cd"，从 1948 年 1 月 1 日起实行。至此，全世界才有了统一的光度标准。

由于光度测量依赖于人眼的生理特性，为了统一评价标准，国际照明委员会（英语 International Commission on Illumination，法语 Commission Internationale de l'Eclairage，CIE）在 1924 年公布了平均相对光谱光视效率值 $V(\lambda)$ （视见函数）作为在明适应条件下，2° 视场光度测量的基础，如图 2.1 所示。1933 年，国际计量委员会规定，标准光度观察者的相对光谱灵敏度必须与 $V(\lambda)$ 一致。1951 年，国际照明委员会公布了在暗适应条件下，青年人眼的光谱光视效率值 $V(\lambda)$ [1]。

其中，明适应是指正常人眼对亮度水平在几坎德拉每平方米以上的适应状态，处于明适应条件下的视觉叫明视觉。正常人眼所适应的亮度水平在百分之几坎德拉每平方米以下的视觉叫暗视觉。处于这两者之间的视觉叫中间视觉。

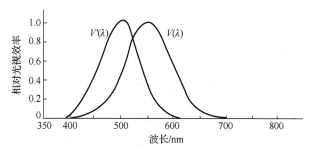

图 2.1　明适应条件下，2°视场光度测量图

$V(\lambda)$ 为明视见函数；$V'(\lambda)$ 为暗视见函数

（1）光度标准与光度测量。

根据坎德拉的新定义，可以通过多种途径来复现光度基准。目前技术上，最成熟的方法是在绝对辐射计前加 $V(\lambda)$ 滤光器，使它具有标准光度观察者的光谱响应特性。由式（2.1）即可得到光源在辐射计入射光阑面上建立的光照度值 E_v：

$$E_v = K_m E_e' / \tau_m \qquad (2.1)$$

式中，E_e' 为经过 $V(\lambda)$ 滤光器后，辐射计实际测得的辐照度，$E_e' = \tau_m \int E_{e,\lambda} V(\lambda) \mathrm{d}\lambda$；$\tau_m$ 为滤光器在波长 555nm 处的透射比；K_m 为最大光谱效能。

（2）辐射总能量。

辐射总能量 ϕ_e 为辐射通量 ϕ 随波长 λ 变化的函数，即

$$\phi_e = \int \phi(\lambda) \mathrm{d}\lambda \qquad (2.2)$$

（3）光通量。

光通量是辐射通量的一部分，是辐射能量中能引起人眼光刺激的那一部分，单位为 lm，即

$$\phi_v = K_m \int \phi_e(\lambda) p(\lambda) \mathrm{d}\lambda \qquad (2.3)$$

式中，ϕ_v 为光通量；$\phi_e(\lambda)$ 为辐射能通量随波长变化的函数；$p(\lambda)$ 为视见函数，

可为明视见函数 $V(\lambda)$ 或暗视见函数 $V'(\lambda)$。

（4）发光效率。

发光效率是指单位电功率下所产生的光通量，即辐射体发出的总光通量 ϕ_v 与该光源的耗电功率 P 之比，单位为 lm/W，即

$$\eta = \frac{\phi_v}{p} \tag{2.4}$$

式中，η 为发光效率。

（5）发光强度。

发光强度是指光源在指定方向上的单位立体角内所包含的光通量，表征辐射体在某一方向上的发光状态，体现的是光源投影到某方向的单位面积、单位立体角内光通量的大小，单位为 cd，即

$$I_v = \frac{\mathrm{d}\phi_v}{\mathrm{d}\Omega} \tag{2.5}$$

式中，I_v 为发光强度；Ω 为立体角。

（6）光照度。

光照度是指单位受照面积上接收到的光通量的大小，单位为 lx，即

$$E_v = \frac{\mathrm{d}\phi_v}{\mathrm{d}A} \tag{2.6}$$

式中，E_v 为光照度；A 为受照面积。

（7）光亮度。

光亮度是指单位面积上的发光强度，用于描述光源在某一方向上的发光能力，单位为 cd/m^2，即

$$L_v = \frac{\mathrm{d}I_v}{\mathrm{d}S} \tag{2.7}$$

式中，L_v 表示光亮度；S 表示在观测方向上的投影面积。

（8）光视效率。

光视效率是指以光视效能最大处的波长为基准，来衡量其他波长处引起的视觉，即

$$V = \frac{K}{K_m} \qquad (2.8)$$

式中，V 表示光视效率；K 表示光视效能。

（9）光视效能。

光视效能是指人眼对不同波长的辐射产生光感觉的效率，即

$$E = \frac{\phi_v}{\phi_e} \qquad (2.9)$$

式中，ϕ_v 表示光通量；ϕ_e 表示辐射能通量。

（10）光谱光视效率。

光谱光视效率是指具体某个波长上的光视效率，即

$$K(\lambda) = \frac{\phi_{v\lambda}}{\phi_{e\lambda}} \qquad (2.10)$$

式中，$K(\lambda)$ 表示在波长 λ 上的光视效率；$\phi_{v\lambda}$ 表示在波长 λ 处的光通量；$\phi_{e\lambda}$ 表示在波长 λ 处的辐射能通量。

2.2.2　辐射度学基础知识

在单位时间内，通过某一面积的辐射能量，称为经过该面积的辐射能通量，而光源在单位时间内辐射出的总能量就叫作光源的辐射能通量，通常用 ϕ_e 表示，单位为 W(J/s)、erg/s、cal/s 等。光源照明的效果最终是以人眼来评定的，但辐射

能通量并不需要考虑人眼的作用。

对于具有连续光谱的辐射，某种辐射度量 X_e（辐射强度、辐射亮度等）的光谱密集度 $X_{e,\lambda}$ 定义为，在包含给定波长 λ 的无限小波长间隔内，相应的辐射度量与该波长间隔之比，即

$$X_{e,\lambda} = \mathrm{d}X_e / \mathrm{d}\lambda \qquad (2.11)$$

辐射度量的光谱密集度与波长的函数关系叫作该辐射度量的光谱分布。对于光度量也可给出类似的定义。光度量和辐射度量之间的关系可以表示为

$$X_v = K_m \int X_{e,\lambda} V(\lambda) \mathrm{d}\lambda \qquad (2.12)$$

$$X_v' = K_m' \int X_{e,\lambda} V'(\lambda) \mathrm{d}\lambda \qquad (2.13)$$

式中，X_v 为 X_e 相对应的明视觉光度量；X_v' 为 X_e 相对应的暗视觉光度量；$V(\lambda)$ 与 $V'(\lambda)$ 分别为波长 λ 处的明视觉和暗视觉的光视效率；$K_m = 683\mathrm{lm/W}$，$K_m' \approx 1700\mathrm{lm/W}$，分别为明视觉和暗视觉的最大光谱光视效能。

（1）辐射度标准。

辐射度的原始标准有两种类型，分别是标准辐射源和绝对辐射计[2]。

标准辐射源主要是工作在不同温度下的黑体炉。根据斯特藩-玻尔兹曼定律，黑体的辐射亮度为斯特藩-玻尔兹曼常数。只要测得 T，就能算得 L_e。

$$L_e = \sigma T^4 / \pi \qquad (2.14)$$

式中，L_e 为辐射亮度；T 为黑体的绝对温度；$\sigma = 5.67032 \times 10^{-8} \mathrm{W} / (\mathrm{m}^2 \cdot \mathrm{K}^4)$，也称为斯特藩-玻尔兹曼常数。

绝对辐照计，又称电校准辐射计，基本原理是用电功率产生的热去补偿辐射产生的热所引起的某种物理效应，从而测得辐射来的功率或在接收器入射光栏处的辐射照度。

对于实际的人工黑体，还必须根据黑体的腔型、尺寸和所用材料的发射率确定黑体的发射率 ε（即黑度系数），εL_e 为人工黑体的辐射亮度。

（2）辐射测量。

辐射测量可分为相对测量和绝对测量两类。相对测量两同名辐射度量之间的比值，因此测量系统不用定标，但必须有良好的线性。在某些情况下，如测量选择性光学材料的积分反射比或透射比，还要求测量系统的接收器在所考虑的波长范围内是中性的。绝对测量要求测量辐射量的量值，因此测量系统必须由辐射度标准定标。

（3）辐射能。

以辐射的形式发射、传播或接收的能量称为辐射能，辐射能的单位为 J。

（4）辐射能通量。

以辐射的形式发射、传播和接收的功率称为辐射能通量，它与辐射能的关系表示为

$$\phi_e = \frac{\mathrm{d}Q_e}{\mathrm{d}t} \tag{2.15}$$

即辐射能通量 ϕ_e 为辐射能对时间的函数。辐射能通量也称为辐射功率，其单位为 W。

（5）辐射强度 I_e。

在给定方向上的立体角元内，离开点辐射源的辐射功率与立体角元之比，称为点辐射源在该方向上的辐射强度，辐射强度的单位为 W/sr。

$$I_e = \frac{\mathrm{d}\phi_e}{\mathrm{d}\Omega} \tag{2.16}$$

式中，$\mathrm{d}\Omega$ 表示立体角元；$\mathrm{d}\phi_e$ 表示立体角元发出的辐通量。

设点辐射源（位于原点）的辐射强度 $I_e(\phi,\theta)$，在给定方向 (θ,ϕ) 上的立体角

元 $\mathrm{d}\Omega$（所对的面元为 $\mathrm{d}A$）内，离开点辐射源的辐射能通量为 $\mathrm{d}\phi_e(\phi,\theta)$，则由辐射强度的定义有

$$I_e(\varphi,\theta) = \frac{\mathrm{d}\phi_e(\varphi,\theta)}{\mathrm{d}\Omega} \tag{2.17}$$

因为 $\mathrm{d}\Omega = \sin\theta\mathrm{d}\theta\mathrm{d}\phi$，故有

$$\mathrm{d}\phi_e(\varphi,\theta) = I_e(\varphi,\theta)\sin\theta\mathrm{d}\theta\mathrm{d}\varphi \tag{2.18}$$

辐射源在整个空间的辐射能通量为

$$\phi_e = \int\mathrm{d}\phi_e(\varphi,\theta) = \int_0^{2\pi}\mathrm{d}\varphi\int_0^{\pi} I_e(\varphi,\theta)\sin\theta\mathrm{d}\theta \tag{2.19}$$

如果辐射源在各个方向的辐射强度一样，则有

$$\phi_e = I_e\int_0^{2\pi}\mathrm{d}\varphi\int_0^{\pi}\sin\theta\mathrm{d}\theta = 4\pi I_e \tag{2.20}$$

（6）辐照度 E_e。

照射到表面一点处的面元上的辐射能通量 $\mathrm{d}\phi_e$ 与该面元的面积 $\mathrm{d}S$ 之比，称为表面上该点的辐照度，辐照度的单位为 $\mathrm{W/m^2}$。

$$E_e = \frac{\mathrm{d}\phi_e}{\mathrm{d}S} \tag{2.21}$$

（7）视见函数。

若某波长 λ 的光引起的明亮感觉和 555nm 光波引起的明亮感觉相同，则称其辐射能通量之比为视见函数。

$$V(\lambda) = \frac{\varphi_{555}}{\varphi_{\lambda}} \tag{2.22}$$

（8）余弦辐射体。

若某发光体满足 $\mathrm{d}I = \mathrm{d}I_0\cos\theta$，即该面元在相等立体角内发射的光通量与 $\cos\theta$ 成正比，则称该发光体为余弦辐射体。此时，该发光体的光亮度是与方向无

关的常数[3]。

（9）立体角。

以立体角的顶点为球心，做一个半径为 R 的球面，用此立体角的边界在此球面上所截的面积除以半径的平方来表征立体角。单位为 sr。

（10）点辐射源。

辐射源与观测点之间距离大于辐射源最大尺寸 10 倍时，可当作点源处理，否则称为扩展光源。

2.3　太阳辐射量

2.3.1　太阳辐射及其分类

太阳辐射作为天气和气候形成的基础，是驱动地球表层物理、化学和生物过程的根本动力。太阳辐射是指太阳向宇宙空间发射电磁波、粒子流、中微子等多种形式的辐射，其中，电磁波的能量占据了辐射能量的绝大部分，其他能量的整体影响几乎可以忽略。因此，太阳辐射一般指的主要是电磁波辐射。

太阳辐射的电磁波波长范围广，覆盖了从波长小于 2.5pm 的 γ 射线、X 射线、紫外、可见光、红外到波长达数千米的无线电波。由于大气的吸收作用，实际到达地表的主要是可见光区和红外区的那部分。

太阳辐射的能量在不同光谱范围内是不同的。其中，有低于 8% 的能量分布在波长 400nm 以下的光谱范围，有 60% 的能量分布在波长为 400～1000nm 的光谱范围，也就是太阳辐射能集中于短波波段，故将太阳辐射称为短波辐射，剩下的能量在波长大于 1000nm 的光谱范围内。

在所有辐射能量中，有约 99%的能量集中在 0.22～4.0μm 的光谱范围内[4]，即太阳辐射能量主要集中在紫外、可见光和红外波段。

1. 太阳辐射值的计算

太阳辐射是一种既具有波动性又具有粒子性的电磁辐射，它和无线电波相同。但是，太阳辐射又有自己的特性，其具有极宽的谱段，波长可以覆盖 100nm～10μm 。

针对太阳辐射的观测站少，太阳辐射值主要依靠计算获得的问题。1924 年，Angstrom 发现了月尺度到达地表的太阳辐射和晴天（可能）太阳总辐射之比与日照百分率呈很好的线性关系，进而提出利用晴天太阳总辐射和日照百分率计算月太阳总辐射的气候学方法[5]，即

$$Q = Q'(a + bs) \tag{2.23}$$

式中，Q 为到达地表的太阳总辐射；s 为日照百分率；a、b 为经验系数；Q' 为起始太阳辐射。

目前，该计算方法仍被普遍采用。并根据采用数值不同太阳辐射分为天文辐射、理想大气总辐射和晴天太阳总辐射。三种太阳辐射的起始辐射基于不同的大气条件，且由于采用不同的起始太阳辐射，计算结果也有一定的差异[6]。

1）天文辐射

天文辐射是指完全由地球天文位置，如日地距离、太阳高度、白昼长度等决定的到达大气顶界的太阳辐射。天文辐射没有考虑大气对太阳辐射的削弱作用，将这种影响隐含于回归系数。

天文辐射的时空变化特点：①全年以赤道获得的辐射最多，极地最少。这种热量不均匀分布，必然导致地表各纬度的气温产生差异，在地球表面出现热带、

温带和寒带气候；②天文辐射夏大冬小，它导致夏季温度高、冬季温度低。

2）理想大气总辐射

理想大气总辐射是指通过理想大气（又称干洁大气）到达地表后的太阳辐射。理想大气总辐射只考虑干洁大气的削弱作用，没有考虑水汽及其他液态、固态颗粒等对太阳辐射的削弱作用。理想大气中，使太阳辐射衰减的因子有分子散射、臭氧和其他气体分子（主要是二氧化碳、氧和氮）的选择性吸收。根据 Bouguer-Lambert 定律，大气光学质量为 m 时的理想大气太阳辐射可表达为

$$S_{L,m} = \int_0^\infty S_{o,\lambda} \cdot P_{\lambda,o_3}^m \cdot P_{\lambda,F}^m \mathrm{d}\lambda - \phi(m) \tag{2.24}$$

式中，$S_{o,\lambda}$ 为波长为 λ 时的太阳常数值；P_{λ,o_3} 为臭氧的光谱透明度；$\phi(m)$ 为考虑其他气体选择性吸收的订正值，随 m 变化；$P_{\lambda,F}$ 为分子散射的光谱透明度。

另外，对应干洁大气总辐射，还有湿洁大气总辐射，它是指通过湿洁大气到达地表的太阳总辐射量，也就是在干洁大气中将水汽考虑在内。

3）晴天太阳总辐射

晴天太阳总辐射是指天空晴朗无云时到达地表的太阳总辐射。晴天太阳总辐射较理想大气总辐射增加了水汽及其他液态、固态颗粒的影响。它在历年的变化中具有相当的稳定性，是太阳辐射可能被利用的最大值。

晴天太阳总辐射计算式为

$$Q_0 = \frac{I_0 \sin h}{1 + fm} \tag{2.25}$$

式中，I_0 为太阳常数；h 为太阳高度角；m 为大气光学质量；f 为表征大气对太阳辐射的某种削弱系数。

我国晴天太阳总辐射的分布特征表现有：年总量变化在 $250 \sim 170$ kcal/($m^2 \cdot a$)，年分布趋势大致平行于纬度，同纬度的西部地区大于东部地区，由南向北随纬度

的增高而减小。1月和12月，主要影响因素是纬度，主要表现为南高北低；6月和7月，西部高原主要影响晴天总辐射的因素是海拔，东部地区是湿度[7]。

2. 太阳辐射的分类

1）大气层外太阳辐射

太阳位于地球大气层外，距太阳一个天文单位处，在垂直于太阳光线的单位面积上，单位时间内接收到的太阳总电磁辐射能，其加权平均值是 $1353W/m^2$（±2%）。由于地球椭圆轨道的影响，夏至（远日点）射到地球的太阳辐射值比平均日地距离的值要小 3.22%，在冬至（近日点）要大 3.42%。

由于到达地球的太阳辐射强度遵循距离平方反比定律，故地球大气层外的太阳辐照度随着日地距离的变化而变化，但变化在±3.5%之内，日地距离与月份有关，其关系如图 2.2 所示。

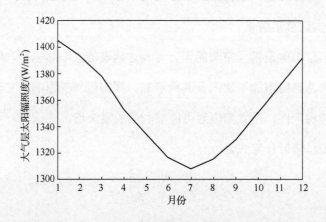

图 2.2　一年中大气层外太阳辐照度随月份的变化

虽然地球大气外层空间环境没有空气和其他干扰因素，太阳光向地球的辐射能量在宏观上是稳定的，但由于日地距离在一年内是变化的，因此不同时间实测的太阳常数也有所不同，在近日点上测得辐照度 $E_{SO}=1438\text{W/m}^2$，在远日点上测得辐照度 $E_{SO}=1340\text{W/m}^2$。一年中 1 月 1 日的辐照度为最大，约为 1405W/m^2；7 月 1 日的辐照度为最小，约为 1308W/m^2，相差约 7%。一年中大气层外太阳辐照度随月份的变化如表 2.2 所示[8]。

表2.2　一年中大气层外太阳辐照度随月份的变化

月份	太阳辐照度/(W/m²)
1	1405
2	1394
3	1378
4	1353
5	1334
6	1316
7	1308
8	1315
9	1330
10	1350
11	1372
12	1392

2）到达地面的太阳辐射

到达地面的太阳辐射是经过大气吸收、反射、散射等综合作用的结果。当太阳辐射通过地球大气时，会受到大气的吸收和散射而衰减。把到达地面的太阳辐射分为直射辐射强度、散射辐射强度、总辐射强度和反射辐射强度。

（1）直射辐射强度。

直射辐射强度是指透过大气层到达地面的太阳辐射中，方向未经改变的那部分太阳辐射。它是指从日面及其周围一小立体角（从太阳中心向外扩展约 2.5°），相当于 5×10^{-3} 球面度内发出并入射到与该立体角轴线相垂直平面上的辐射。太阳直射辐射的强弱和太阳高度角、大气透明度、云况、海拔高度等因素有关。太阳直射辐射强度 S 主要取决于天文辐射、大气透明度和天空晴朗状况，其计算公式可以表示为

$$S = Q_0 f(a,b) \phi(s,n) \tag{2.26}$$

式中，Q_0 为天文辐射能；$f(a,b)$ 为大气透明度的函数；$\phi(s,n)$ 为天空晴朗程度的函数。太阳直射辐射强度 S 单位为 W/m^2。

任意平面上得到的太阳直射辐射，都与太阳光对该平面的入射角有关。若某面的倾角为 θ 时，则其法向太阳直射辐射强度 $I_{D\theta}$ 为

$$I_{D\theta} = I_{DN} \cos i = I_0 \cdot p^m \cdot \cos i \tag{2.27}$$

式中，I_{DN} 为法向太阳直射辐射强度，W/m^2；i 为入射角；p^m 为大气透明度，其中 p 为大气透明率，是衡量大气透明程度的标志。

对于水平面，$\theta = 0$，那么有

$$I_{D\theta} = I_{DN} \sin h = I_0 \cdot p^m \cdot \sin h \tag{2.28}$$

式中，h 为太阳高度角；m 为光线透过的大气质量；I_0 为垂直于大气层外边界处的太阳辐照强度。

（2）散射辐射强度。

散射辐射强度是指透过大气层到达地面的太阳辐射中，由于被气体分子、液体或固体颗粒反射，达到地球表面时并无特定方向且单色组成并未改变的那部分太阳辐射。以相应的辐射度量加下角标 d 表示，如 E_d。

太阳散射辐射强弱取决于太阳辐射的入射角和大气条件（云量、水汽、砂粒、烟尘等粒子的多少），同时也受地面反射率的影响。其随太阳高度的加大而减小；当天空的浑浊程度加大时，即太阳通过的路径受到了阻挡，太阳散射辐射的程度加大；当地面反射率增加时，太阳散射辐射也加大。太阳散射辐射的强度通常以与总辐射强度之比来反映，不同地方和不同气象条件差异很大，太阳散射强度一般占到总辐射强度的百分之十几到百分之三十几。

太阳散射辐射包括三项，即天空散射辐射、地面反射辐射和大气长波辐射。在这里，天空散射辐射是关键项，其他两项占的比例很少，故仅考虑天空散射辐射。

天空散射辐射是阳光经过大气层时，由于大气中的薄雾和少量尘埃等，使光线向各个方向反射和折射，形成一个由整个天穹所照射的散乱光。因此，天空散射辐射也是中短波辐射。多云天气，散射辐射增多，而直射辐射则成比例降低。真正天空散射辐射强度的计算是困难的，对于晴天水平面的天空散射辐射强度 I_{dH} 为[9]

$$I_{dH} = \frac{1}{2}I_0 \sinh \frac{1-p^m}{1-1.4\ln p} \qquad (2.29)$$

式中，p 为大气透明率；m 为光线透过的大气质量；h 为太阳高度角，即光线与地球平面的夹角；I_0 为垂直于大气层外边界处的太阳辐照强度。

（3）总辐射强度。

总辐射强度是指水平面从 2π 球面度立体角（半球向）接收到的太阳辐射，它实质上包括太阳直射辐射的垂直分量和水平面上接收到的太阳散射辐射，以相应的辐射度量加下角标 g 表示。

（4）反射辐射强度。

反射辐射强度是指地表面反射的太阳辐射，以相应的辐射度量加下角标 r 表示，如 E_r 和 H_r 等。

2.3.2　太阳辐照度

太阳辐照度是指太阳辐射经过大气层的吸收、散射、反射等作用后，到达固体地球表面上单位面积单位时间内的辐射能量。太阳辐照度是定量描述和研究太阳光辐射的重要参量，包括太阳总辐照度（total solar irradiance，TSI）和太阳分光辐照度（spectral solar irradiance，SSI）[10,11]。

其中，太阳总辐照度是指距离太阳一个天文单位处，在以太阳中心为球心的球面上，单位时间通过单位面积的、全波段的电磁辐射能量之和，计算公式如式（2.30）所示；太阳总辐照度在各个波长范围内的分布即为太阳分光辐照，计算公式如式（2.31）所示。

$$S(t) = \int F(\lambda, t) \mathrm{d}\lambda \tag{2.30}$$

$$F(\lambda, t) = \sum_{i,j} \sum_k \alpha_k(i,j;t) I_k(i,j;\lambda) \tag{2.31}$$

式中，(i,j) 为日面坐标；λ 为波长；$k = u, p, f, q$ 依次代表黑子本影、黑子半影、光斑、宁静太阳；$\alpha_k(i,j;t)$ 为填充因子，表示日面（磁图或连续谱图）的某一像素被各种成分占据的份额；$I_k(i,j;\lambda)$ 为 u, p, f, q 四种成分的辐射强度；t 为时间。

通常所说的太阳辐照度均指太阳总辐照度。大气层外的太阳辐照度随着日地距离的改变，在±3%范围内变化，可由式（2.32）计算；大气层外水平面上的太阳辐照度可由式（2.33）计算；大气层外水平面上，一天内太阳的辐照量 H_0，它可由从日出到日落时间区间内的积分求出，如式（2.34）所示。

$$G_{on} = G_{sc}\left(1 + 0.033\cos\frac{360°n}{365}\right) \qquad (2.32)$$

$$G_0 = G_{sc}\left[1 + 0.033\cos\left(\frac{360°n}{365}\right)\right]\sin\delta\sin\varphi + \cos\delta\cos\varphi\cos\omega \qquad (2.33)$$

$$\begin{aligned} H_0 = &\frac{24 \times 3600 G_{sc}}{\pi}\left[1 + 0.033\cos\left(\frac{360°n}{365}\right)\right] \\ &\times\left[\cos\varphi\cos\delta\sin\omega_s + \frac{2\pi\omega_s}{360°}\sin\varphi\sin\delta\right] \end{aligned} \qquad (2.34)$$

式中，G_{on} 为一年中第 n 天在法向平面上测得的大气层外的辐照度；G_{sc} 为太阳常数；n 为所求日期在一年中的日子数；δ 为太阳赤纬角；φ 为地理纬度；ω 为太阳时角；ω_s 是日落时角，$\omega_s = \arccos\left(-\tan\delta\tan\varphi\right)$，单位为°。

2.3.3　大气质量

地球大气对太阳辐射有散射、反射和吸收的作用，所以太阳辐射能量的衰减还与通过地球大气的路径、太阳方位角、气候条件等有关。为了叙述太阳辐射经过地球大气路程，引入大气质量的概念。

大气质量是太阳辐射通过大气层的无量纲路程，设在海平面上空到大气层顶垂直方向，太阳辐射路线为 L_n，而太阳辐射的任意路线为 L_m，L_n 与 L_m 之间的夹角 β 称为天顶角，如图 2.3 所示。

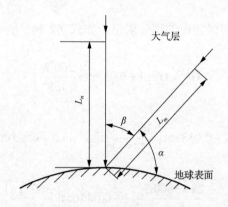

图 2.3　大气质量示意图

大气质量用 AM 表示，定义是太阳辐射光线穿过地球大气层的路程 L_m 与太阳辐射光线垂直方向穿过地球大气层的路程 L_n 之比，其表达式为

$$AM = L_m/L_n = \sec \beta \qquad (2.35)$$

从式（2.35）可以看出，当太阳辐射通过天顶垂直入射到地球海平面时，大气质量为 AM=1，而地球大气层外的大气质量为 AM=0。北京地处北纬约 40°，大气质量 AM=1.5。我国在太阳能利用中计算的大气质量为 1.5，即 AM=1.5，与国际接轨。

在地球表面上，由于大气透明度不同，太阳辐照度是经常变化的。晴朗无云的天气，大气透明度高，到达地面的太阳辐射就多；天空多云或沙尘天气，大气透明度低，到达地面的太阳辐射就少。阳光经过大气层时，其强度按指数规律衰减，也就是说，每经过距离 d_x 的衰减梯度与本身辐射强度成正比，即有

$$-\frac{\mathrm{d}I_x}{\mathrm{d}_x} = K \cdot I_x \qquad (2.36)$$

解此式可得

$$I_x = I_0 \cdot \exp\left(-K \cdot x\right) \qquad (2.37)$$

式中，I_x 为距离大气层上边界 x 处，在与阳光相垂直的表面上（即太阳法线方向）太阳直射辐射强度，单位为 W/m^2；K 为比例常数，单位为 m^{-1}。

从式（2.37）可以明显看出，K 值越大，辐射强度的衰减越迅速，因此，K 值也称消光系数，其值大小与大气成分、云量多少等有关，影响因素比较复杂；x 为阳光道路，即阳光穿过大气层的距离。其数值完全可以根据太阳在空间的位置，按几何关系准确计算得出。

2.3.4　太阳常数

1. 太阳常数定义

太阳常数是指在日地平均距离（$D=1.5 \times 10^8$ km）上，大气顶界垂直于太阳光线的单位面积每秒钟接受的太阳辐射，以 S_0 表示，单位为 W/m^2。

太阳常数和太阳的视星等都是用来描述太阳亮度的。其中，太阳常数包括所有形式的太阳辐射，不是只有可见光的范围，而太阳的视星等只测量太阳在可见光部分的能量输出。

需要注意的是，所谓的太阳常数并非是一个从理论推导出来的、有严格物理内涵的常数，它本身受太阳自身活动的制约，具有不同时间尺度的变化。

2. 太阳常数原理

由于地球以椭圆形轨道绕太阳运行，因此太阳与地球之间的距离不是一个常数，而且一年里每天的日地距离也不一样。众所周知，某一点的辐射强度与距辐射源的距离的平方成反比，这意味着地球大气上方的太阳辐射强度会随日地间距离不同而异。

但是，由于日地距离太大（平均距离为 1.5×10^8 km），所以地球大气层外的太阳辐射强度几乎是一个常数。从而，人们就采用所谓"太阳常数"来描述地球大气层上方的太阳辐射强度。

昼夜是由于地球自转而产生的，而季节是由于地球的自转轴与地球围绕太阳公转轨道的转轴呈 $23°\ 27'$ 的夹角而产生的。太阳辐射穿过地球大气层时，不仅要受到大气中的空气分子、水汽和灰尘的散射，而且要受到大气的氧气（O_2）、臭氧（O_3）、水汽（H_2O）和二氧化碳（CO_2）等分子的吸收和反射，致使到达地面的太阳辐射显著衰减。据估计，反射回宇宙的能量约占总能量的 30%，被吸收的约占 23%，到达地球陆地和海洋的能量只占 47%。

3. 太阳常数研究现状与进展

19 世纪针对太阳常数的相关工作，由于当时甚至连辐射标准都尚未建立，除具有历史意义外，并无实际理论价值。20 世纪以来，以美国 Smithson 研究所天体物理观象台的工作最为引人注目，它除了长期坚持"太阳常数"的测定外，最主要的是创立了早期日射标尺的 SS-1913，设计了水流式和搅水式绝对直接日射表及供传递标准使用的银盘直接辐射表。Langley、Abbot 和 Aldrich 等是其著名的代表。Abbot 及其工作团队除了在美国，还在非洲、南美洲等地的高山上进行了测定；在第二次世界大战期间，男性赶赴战场，他们的夫人继续进行观测工作，从而积累了丰富的数据资料。一些研究者使用这些数据揭示了太阳的输出存在长期缓慢的且具有周期性的变化，而另一些研究者用同样的数据却得出了太阳的输出是不变的结论。这使得美国学者 Hoyt 认为有必要对所有数据重新做一次审查和检验。经过仔细分析后，他指出，Smithson 研究所进行的 TSI 测量工作，在其内部一致性上存在着严重问题，这种内部的不一致性，既存在于各个观测站之间，也存在于所采用的"冗长法"和"简洁法"之间；而在源数据的订正方法中，又未能将大气衰减的所有方面考虑周全；此外，辐射标尺的不适当订正也有一定的影响[12]。

1983 年，*Climatic Change* 发表了雨云 7 号卫星空腔辐射仪观测的结果。Smith等在编者按中指出："这解决了 7 代人为之奋斗却悬而未决的问题"[13]。这次观测有两个重要结论：①太阳常数是变化的；②大部分太阳常数逐日变化的谷值与太阳黑子的峰值相对应。后面一个结论肯定了 Abbot 等的观点，在物理上也较容易被接受。因为太阳黑子的温度低于光球表面的温度，太阳黑子增多自然会减少太阳辐射。但是，这同大部分科学家的认知相矛盾。因为，一般认为太阳黑子增多表示太阳活动强，太阳辐射应该较高。后来，Foukal 等[14]解决了这个问题，他们认为太阳黑子使太阳辐射下降只是一个短期行为。太阳黑子增多时太阳活动也随之增强，这时光斑也增加。光斑增加所造成的太阳辐射增强，抵消掉因黑子增多造成的太阳辐射削弱还有余。因此，太阳常数表现出与太阳黑子周期同步的变化。由于已经确定太阳常数不是一个真正的常数，因此越来越多的科学家采用太阳辐照度这个更为严谨的名词[15]。

4. 太阳常数测定

对太阳常数的研究已有近百年的历史，之所以迄今尚无定论，一方面在卫星观测成为现实之前，一直无法摆脱大气层的干扰；另一方面，在卫星观测实现之后，又遇到了测量仪器的结构及测量标准的问题。

1969 年，美国国家航空航天局出于宇航方面工程设计标准的需要，专门成立了太阳电磁辐射委员会[16]，从事对当时新获得的 TSI 测量结果的评审工作。该委员会于 1970 年和 1973 年先后两次报告结果。起初，未将 Willson[17]的测定结果包括进去，但无论包括与否，按当时的处理办法，结果是一样的，这就是著名的太阳常数值 1353W/m² 的由来。

而太阳常数值 1367W/m² 的由来，则是将 Frchlich 等进行的两次高空气球探测结果放在一起进行分析，发现它们之间是相当接近的。可能也正因为如此，经过辐射工作组研究讨论，1981 年向世界气象组织仪器和观测方法委员会第八届会议提交一份建议：将太阳常数值定为（1367±7）W/m²。它获得了会议的认可。1986 年，Frchlich 和 Lodon 在主编《辐射仪器和测量手册》时，对太阳光谱辐照度也进行了综合归纳，并将积分值归一到 1367W/m²。这样就把分光值与积分值统一起来了。当然，这并非问题的终结，新的更精密的探测仍在继续进行[18]。

我国采用的太阳常数值为 1353W/m²，该数值是由 NASA 根据人造卫星上的观测结果给出的，它曾长期被我国的航天部门所采用。但有一点不容忽视，即这一 TSI 是以 IPS-1956 太阳辐射标尺为准，鉴于该标尺已于 1981 年被废止，而代之以新标尺为世界辐射测量基准（world radiometric reference，WRR），因此，即使仍按习惯采用 1353W/m² 作为 TSI，也应进行标尺转换。即在 WRR 下的 1353W/m² 实际应为 1353×1.022=1383W/m²。

2.3.5　太阳光谱

太阳表面温度在 5800K 左右，太阳辐射的光谱分布近似于 5800K 黑体。根据世界气象组织（World Meteorological Organization，WMO）公布的数据，太阳辐射光谱谱段极宽（0.2～2.5μm），但太阳总辐射的 96.3%在波长较短的谱区。同地面辐射和大气辐射的波长相比，太阳辐射的波长要短得多，通常被称为短波辐射，能量峰值在 0.475μm 处，具体谱段划分见表 2.3。

表 2.3　太阳辐射光谱谱段划分

谱段	波长范围/ μm	能量占总辐射的百分比
可见光波段	0.4～0.76	大约 50%
紫外光波段	<0.4	7%
红外光波段	>0.76	43%

太阳光谱随着接收位置、时间、日地距离、大气条件及太阳活动情况的不同而变化，常用的光谱是地球大气层外太阳辐射光谱 AM0 和地表太阳辐射光谱 AM1.5。

1. 大气层外太阳辐射光谱 AM0

地球大气层外太阳辐射光谱，早期受科学技术水平限制都是由地面观测的数据得到的，没有考虑大气中各分子对太阳辐射吸收、散射和反射等情况。后来通过高空气球、飞机、航天器等先进观测手段和精密的光谱分析仪器的应用，获得了更加准确和真实太阳辐射光谱。史密斯和戈特利布观测的大气层外太阳辐射光谱分布数据作为世界气象组织采用的统一使用标准。通过该数据绘制的 240～2500nm 波长范围内太阳的 AM0 光谱相对分布如图 2.4 所示，大气质量 AM 为 0 时的能量分布曲线，即大气层外太阳辐射相对光谱能量分布曲线[19]。

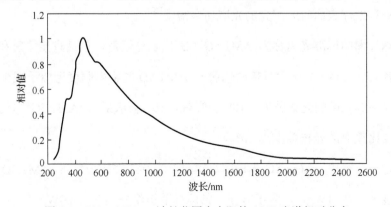

图 2.4　240～2500nm 波长范围内太阳的 AM0 光谱相对分布

2. 地表太阳辐射光谱 AM1.5

太阳辐射要穿过地球大气层才能到达地面，大气层主要分为对流层、平流层、热电离层，其中离地球表面最近的是对流层，其次是平流层。对流层的空气质量几乎占大气层的 3/4，风、雨、雪、雾等气象变化均发生在对流层。大气层中气体分子、尘埃、水滴、水晶等颗粒都会改变太阳辐射的传播方向而产生散射，使太阳辐射能量衰减。使太阳辐射能量衰减的第二个因素是反射作用。把地球和大气层看作一个整体，即地球-大气系统对太阳辐射的反射，其反射特性明显地与气象条件、云层分布状况及地球表面的性质有关。太阳辐射穿过地球大气层使辐射能量衰减的第三因素是大气吸收造成的。因为吸收使太阳辐射光谱曲线与大气顶界的太阳辐射光谱曲线产生较大的差别。太阳辐射因吸收而衰减起决定作用的是水汽。其吸收带大部分集中在红外光谱区域，其次是可见光谱区域。总的来看，吸收作用比起散射和反射的影响作用要小一点。

作为地面太阳能观测的总日射表，其接受的太阳光谱范围在 $0.28 \sim 2.5\mu m$ 的波段。气象太阳辐射计量仪表检定系统的太阳模拟光谱范围为 $0.25 \sim 2.5\mu m$ 波段，故对太阳进行全光谱模拟，以满足地球表面上太阳光谱的波长要求。图 2.5 为在大气层外和地球表面时太阳光的光谱功率密度[20]。

地球表面的标准光谱称为 AM1.5G（G 代表总辐射，包括直接辐射和散射辐射）或者 AM1.5D（只包含直接的辐射）。AM1.5D 的辐射强度近似于减少 28%能量后的 AM0 光谱的光谱强度（18%被吸收，10%被散射），AM1.5G 总的光谱辐射强度要比直射的光谱强度高 10%。

通过计算得出，AM1.5G 光谱的总辐照度为 $963.75W/m^2$，而 AM1.5D 光谱的总辐照度为 $768.31W/m^2$，为了方便，国际标准组织确定为 $1000W/m^2$。

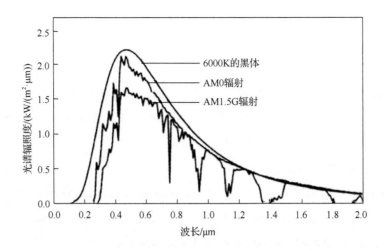

图 2.5　在大气层外和地球表面时太阳光的光谱功率密度

2.3.6　太阳张角

　　太阳张角是从太阳最大直径处射到地球上任一点的两条光线的夹角。它既是地球上任一点对太阳的视场大小，也是太阳光照到地球上的平行程度，因为日地距离很遥远，所以这个角度很小，约为 32′，它包含了所有从太阳表面射到地球上该点的一切光线，太阳张角的正切值可以看作太阳直径除以日地距离。

　　对太阳模拟器而言，发散型太阳模拟器并不存在太阳张角的概念，而对于准直型太阳模拟器，张角可以看作是模拟器的准直角，这样就把视场角与光束平行（即准直）程度结合起来，在准直型太阳模拟器中，通过视场光阑和准直物镜实现准直角的模拟。犹如真实太阳一样，模拟光束将以相同入射角入射到试验表面各处。

参 考 文 献

[1] 薛君敖, 李在清, 朴大植, 等. 辐射测量原理和方法[M]. 北京: 计量出版社, 1981.

[2] 杨臣铸, 陈遐举, 李在清. 光度和辐射度计量测试技术的现状与发展[J]. 照明工程学报, 1988(2): 1-5.

[3] 金伟其, 胡威捷. 辐射度、光度与色度及其测量[M]. 北京: 北京理工大学出版社, 2005.

[4] 李申生. 太阳常数与太阳辐射的光谱分布[J]. 太阳能, 2003(4): 5-6.

[5] ANGSTROM A. Solar and terrestrial radiation[J]. Monthly Weather Review, 1924, 50: 121-125.

[6] 和清华, 谢云. 我国太阳总辐射气候学计算方法研究[J]. 自然资源学报, 2010, 25(2): 308-319.

[7] 陈宝雯, 刘书楼. 我国晴天太阳总辐射资源分布[J]. 能源, 1983(4): 38-41.

[8] 刘加平. 城市环境物理[M]. 西安: 西安交通大学出版社, 1993.

[9] 孙德宇, 徐伟, 肖龙. 暖通空调规范用气象数据天空辐射模型修改的探讨[R]. 北京: 中国建筑学会暖通空调分会, 2012.

[10] 徐景晨, 李可军. 太阳辐照的观测研究进展[J]. 天文学进展, 2011, 29(2): 132-147.

[11] 董海广. 适用于农村的太阳能空气集热器的理论与实验研究[D]. 北京: 北京建筑工程学院, 2010.

[12] 王炳忠, 申彦波. 太阳常数的研究沿革和进展(上)[J]. 太阳能, 2016(3): 15-16, 71.

[13] SMITH E A, HARR T H V, HICKEY J R, et al.The nature of the short period fluctuations in the solar irradiance received by the earth[J]. Climatic Change, 1983, 5: 211-235.

[14] FOUKAL P, LEAN J. The influence of faculae on total solar irradiance and luminasity[J]. The Astrophysical Journal, 1986, 302: 826-835.

[15] 王绍武. 太阳常数[J]. 气候变化研究进展, 2009, 5(1): 61-62.

[16] 王炳忠. 太阳辐射测量的回顾与展望[EB/OL]. (2011-03-13)[2019-05-13]. https://wenku.baidu.com/view/0ac1f5eb81c758f5f61f6713.html.

[17] WILLSON R C. Active cavity radiometric scale, internation pyrheliometri scale, and solar constant[J]. Journal of Geophysical Research, 1971, 76: 4324.

[18] 王炳忠. 太阳常数测定情况进展[J]. 气象科技, 1993(3): 23-31.

[19] 蔚敏. 太阳辐射全光谱模拟人工光源的实验研究[D]. 西安: 西安建筑科技大学, 2004.

[20] WENHAM S R, GREEN M A, WATT M E, 等. 应用光伏学[M]. 狄大卫, 等, 译. 上海: 上海交通大学出版社, 2008.

第3章 太阳模拟器的分类

3.1 太阳模拟器按光学系统分类

根据太阳模拟器光学系统的不同，将太阳模拟器分为同轴系统太阳模拟器和离轴准直系统太阳模拟器[1]。太阳模拟器按光学系统的详细分类如图 3.1 所示。

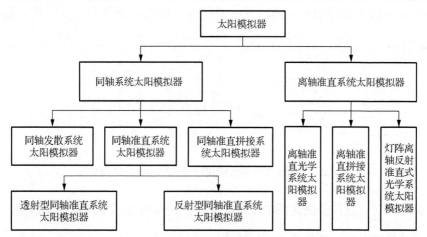

图 3.1 太阳模拟器按光学系统的详细分类

3.1.1 同轴系统太阳模拟器

同轴系统太阳模拟器是指其光学系统中的各个光学元件中心轴线共线且同光轴，并且均匀辐照面的中心对称轴与光学系统主光轴重合。中小型太阳模拟器多采用同轴光学系统，这种光学系统的特点是均匀辐照体积或均匀辐照面积的对称轴和光学系统的光轴相重合。

同轴系统太阳模拟器可分为同轴发散系统太阳模拟器、同轴准直系统太阳模拟器和同轴准直拼接系统太阳模拟器。

1. 同轴发散系统太阳模拟器

与同轴准直系统太阳模拟器相比，同轴发散系统太阳模拟器的光学系统中没有准直镜组，更易实现大辐照面，且光学系统的透射率高，光能利用率高，成本较低；但正因为同轴发散系统太阳模拟器没有准直镜组，故系统出射光几乎为发散光，基本不具有准直性，仅适用于对出射光束没有准直性要求且辐照均匀度要求不高的太阳模拟器。同轴发散系统太阳模拟器光学系统的结构简图，如图 3.2 所示。

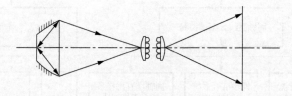

图 3.2　同轴发散系统太阳模拟器光学系统的结构简图

此外，同轴发散系统太阳模拟器的光学系统还可实现多光源单元拼接，从而使太阳模拟器具有大辐照面、高辐照度。

2. 同轴准直系统太阳模拟器

与同轴发散系统太阳模拟器相比，同轴准直系统太阳模拟器的光学系统中加入了准直镜和用于实现光束准直角的光阑，可实现具有一定准直角的太阳辐照模拟，具有出射光束准直性好、辐照均匀度高等特点；但正因为同轴准直系统太阳模拟器具有准直镜，故系统的辐照面大小受准直镜口径的制约，难以实现同轴发散系统太阳模拟器的大辐照面。同轴准直系统太阳模拟器更适用于辐照均匀度、准直角要求高，辐照面不大的太阳模拟器中。

同轴准直系统太阳模拟器按光学系统的组成不同，又分为透射型同轴准直系统太阳模拟器和反射型同轴准直系统太阳模拟器，其光学系统的结构简图分别如图 3.3 和图 3.4 所示。

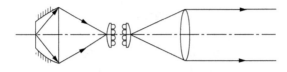

图 3.3　透射型同轴准直系统太阳模拟器光学系统的结构简图

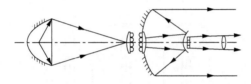

图 3.4　反射型同轴准直系统太阳模拟器光学系统的结构简图

其中，反射型同轴准直系统太阳模拟器光学系统的能量利用率较低、结构和装调较为复杂、成本较高，且反射型同轴准直系统太阳模拟器光学系统多采用卡塞格林式结构，存在中心遮拦，在辐照面的中心容易产生暗区。若采用透射式填充系统对中心暗区进行填充，则整个系统将会相当复杂，输出光束会受到遮拦，并且中心和边缘部分光谱分布存在很大的差异，影响辐照不均匀性。反射型的优势在于其准直光束的实现方式不再依靠透射式的准直镜，可有效扩大模拟的辐照面。

3. 同轴准直拼接系统太阳模拟器

同轴准直拼接系统太阳模拟器是在同轴发散系统太阳模拟器和同轴准直系统太阳模拟器的基础上，通过优化光学系统的组成，使其既具有同轴发散系统太阳模拟器可模拟较大辐照面的优势，又具有同轴准直系统太阳模拟器可实现一定光束准直角且辐照均匀度高的特点，同轴准直拼接系统太阳模拟器的光学系统的结构简图如图 3.5 所示。

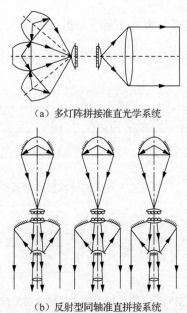

（a）多灯阵拼接准直光学系统

（b）反射型同轴准直拼接系统

图 3.5　同轴准直拼接系统太阳模拟器光学系统的结构简图

图 3.5（a）采用多灯阵拼接，每个灯阵单元都带有椭球面聚光镜，每个灯阵单元发出的辐射能量都汇聚到同一个光学积分器通光口径内，在辐照面上实现辐照度叠加，可得到高的辐照值，且共用准直镜，可实现具有准直角的出射光束。

图 3.5（b）将多个单独的反射型同轴准直系统太阳模拟器光学系统进行拼接，每个系统都是完整的辐射单元，每个辐射单元照明辐射面上的对应区域，多个辐射单元拼接可实现大辐射面，这种系统和多光源拼接系统相比，可实现大辐照面积的模拟，但受拼接结构限制，其整体辐照均匀性不高，光束准直性也难以保证，且结构和装调更复杂，成本更高。另外，反射型同轴准直拼接系统的每个拼接单元都是卡塞格林式准直光学系统，每个准直镜都存在着中心遮拦和自身拼接精度

的误差，进而对辐照面均匀性及准直性等精度均产生影响。

3.1.2 离轴准直系统太阳模拟器

对于太阳模拟器而言，离轴准直系统是指准直镜的中心轴线和其他光学元件的中心轴线有一个夹角（即离轴角）。离轴准直系统太阳模拟器通常采用多个大功率氙灯作为光源，冷却方式多采用水冷实现，准直光学系统采用球面反射式结构，可以实现大辐照面、高辐照度指标的要求，但是装调复杂，成本很高。

通过查阅相关文献可知，目前一般的离轴光学系统只应用于准直式太阳模拟器结构。对于较大口径的准直镜，采用球面反射式结构，利用球面反射镜焦点处发出的光束经过球面反射镜反射后将平行射出的特点[2]，可实现光束准直，但被照区要位于准直镜法线外侧范围内，以避开二次反射区域。几种典型的离轴结构形式如图 3.6 所示。

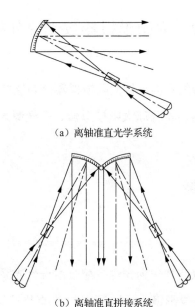

（a）离轴准直光学系统

（b）离轴准直拼接系统

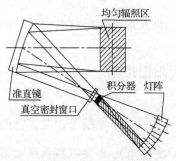

（c）灯阵离轴反射准直式光学系统

图 3.6 几种典型的离轴结构形式

其中，图 3.6（a）为离轴准直光学系统，光束准直角较大，且辐照均匀度较好，同时结构较简单，成本较低；图 3.6（b）为离轴准直拼接系统，采用球面反射准直镜进行拼接，镜面拼接的精度影响辐照面均匀性和光束准直性；图 3.6（c）为灯阵离轴反射准直式光学系统，采用多灯具拼接，配合球面反射准直镜，利用球面反射镜无色差的特点以及不存在输出光束中心遮拦的优势，能更好地提高辐照均匀性和光束准直性，并能获得大的均匀辐照区。

3.2 太阳模拟器按光源分类

根据太阳模拟器光源的不同，将太阳模拟器分为氙灯太阳模拟器、LED 太阳模拟器、光纤太阳模拟器、积分球太阳模拟器、多光源太阳模拟器、匀光棒式太阳模拟器。

3.2.1 氙灯太阳模拟器

1. 组成与工作原理

氙灯太阳模拟器是以氙灯作为光源，配合组合聚光系统、匀光系统（附加镜 I、积分器场镜、积分器投影镜、附加镜 II）、准直物镜等组成[3]，其组成与工作原理如图 3.7 所示。

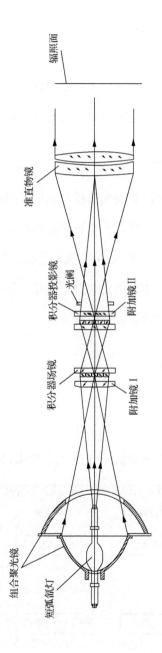

辐照面

准直物镜

积分器投影镜

光阑

附加镜 II

积分器场镜

附加镜 I

组合聚光镜

短弧氙灯

图 3.7　氙灯太阳模拟器的组成与工作原理图

将氙灯置于聚光系统的第一焦点处，氙灯发出的辐射能通量经过聚光系统的会聚作用，在光学积分器的入射端面（场镜组）形成一个辐照分布，此辐照分布经光学积分器场镜元素透镜的分割，再经投影镜元素透镜的叠加成像，最后经附加镜和准直光学系统的共同作用成像在辐照面处。从太阳模拟器的前方逆着光路看去，辐射光束来自位于准直物镜焦面上的光阑，从而模拟了太阳光辐照。

2. 氙灯太阳模拟器的优点

由于氙灯的稳定性直接影响到太阳模拟器的辐照稳定度，故需要对氙灯电源进行合理设计。氙灯电源的主要技术指标应根据选定的氙灯功率、输出电压、工作电流及其稳定性要求进行设计，因为稳流控制比稳压控制易实现，且稳定可靠，又有利于氙灯的使用寿命，故选用自动稳定氙灯工作电流的氙灯电源，且其电流应可根据太阳模拟器辐照度的需要进行调节。

3.2.2 LED 太阳模拟器

1. 组成与工作原理

与传统光源太阳模拟器相类似，LED 太阳模拟器由 LED 驱动控制器、LED 灯室和光学系统三部分构成。LED 太阳模拟器原理框图如图 3.8 所示。

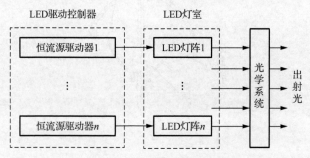

图 3.8　LED 太阳模拟器原理框图

其中，LED 驱动控制器由多个恒流源驱动器组成，LED 灯室由多个 LED 灯阵组成。由于 LED 是非线性的 PN 结型功率器件，其电学特性与传统光源器件有较大差异和特殊性，且 LED 太阳模拟器需要多种不同光谱的 LED 混光，以实现太阳的光谱模拟，因此 LED 太阳模拟器需要配置多个独立的恒流源驱动器，独立控制各个 LED 阵列；同时，为了保证输出光的辐照时间稳定度，LED 驱动控制器要求具备恒流精度高、稳定性好、动态范围宽等技术特征。光学系统的作用是将各 LED 的发光汇聚，充分混合均匀，达到光谱合成和辐照均匀的目的。

2. LED 太阳模拟器的优点

随着 LED 生产技术的成熟，LED 发光效率不断提高且生产成本不断下降，使以 LED 为照明光源的太阳模拟器成为当前的研究热点，LED 具有光谱全彩、可控性好、稳定性强，以及光输出调节范围宽等技术特色，从而使 LED 太阳模拟器也具有低碳环保、性能稳定、价格低廉等优点。

3.2.3　光纤太阳模拟器

1. 组成与工作原理

光纤太阳模拟器主要由氙灯、钨灯、椭球反射镜、平面反射镜、透镜组、滤光片等组成[4]，图 3.9 为光纤太阳模拟器的组成和工作原理示意图。

为了有效利用氙灯发出的光线，通过椭球反射镜、平面反射镜、透镜组、滤光片 F_1 和滤光片 F_2 从氙灯光源中提取紫外光和可见光两个谱段，其中 F_1 和 F_2 均为低通滤光片。另外，钨灯没有设置滤光片，主要提供红外谱段。三束不同谱段的光束分别通过控制光束功率的光阑 A_1、A_2 和 A_3 以调整光谱分布，更真实地模拟太阳光谱。

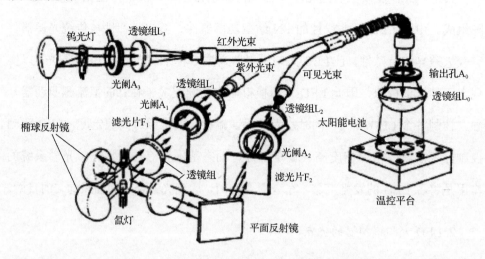

图 3.9　光纤太阳模拟器的组成与工作原理示意图

三束光各自的透镜组 L_1、L_2 和 L_3 聚焦在相应的三束光纤末端。光纤的红外波段和可见波段分支由玻璃纤维组成，而紫外波段则由分散在玻璃机体中的熔融石英纤维组成。组合光纤产生一束由线性重叠的输入光束组成的输出光束，光纤的随机排列特性，确保了光纤输出的光束中每束光的强度分布相同。

光束穿过光纤的共有分支，从输出孔 A_0 输出，并经透镜组 L_0 准直照射到工作面上。其中，光纤束由多根光纤组成，每根光纤相当于光学积分器的一个复眼透镜，由此可等效为多个复眼透镜集成对辐照面进行均匀化处理，从而提高了太阳模拟器的辐照均匀度。

2. 光纤太阳模拟器的优点

将光导纤维技术应用到太阳模拟器的光束传输与耦合中，可有效提高太阳模拟器的光谱匹配度和辐照均匀度。

3.2.4　积分球太阳模拟器

1. 组成与工作原理

积分球太阳模拟器主要由电源、光源、聚光系统、滤光片、积分球、光阑控制系统、光谱校正及测量系统组成，图 3.10 为积分球太阳模拟器的组成和工作原理示意图。

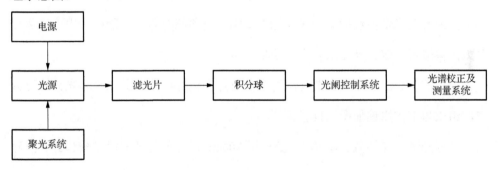

图 3.10　积分球太阳模拟器的组成与工作原理示意图

其中，聚光系统由底座、灯室和椭球聚光镜组成。工作时，氙灯垂直放置，积分球入射口置于聚光镜的第二焦面处，氙灯经过滤光片（包括截止滤光片和光谱校正滤光片）后进入积分球，积分球内部涂有漫反射材料，它由两个半球组成，包括一个入射口和一个出射口，以及用于监测球壁辐照度的开口。

光源发出的光线经球壁涂层多次漫反射，会在内壁上形成均匀的辐照度，并在出口形成朗伯源，通过光阑控制系统使积分球出射口的辐亮度从最大值递减到所需要的亮度。

2. 积分球太阳模拟器的优点

将积分球应用在太阳模拟器中，替代传统太阳模拟器的光学积分器，实现辐照面的均匀化，不但简化了系统组成，而且有效提高了辐照均匀度。

3.2.5 多光源太阳模拟器

1. 组成与工作原理

目前，没有任何一种光源能够准确地再现真实太阳光谱，从开始的卤素灯、冷光灯到现在使用最多的氙灯以及新兴的 LED 光源，都只能模拟太阳光谱曲线的一部分或者其光谱曲线的某一段与标准太阳光谱曲线有差别。因此，出现了多光源太阳模拟器，取长补短用以合成太阳光谱。

典型的多光源太阳模拟器光源通常由氙灯和钨灯组成，其光强和光谱均可调节，组成与工作原理如图 3.11 所示[5]。

氙灯光谱经红外截止滤光片，滤掉了 700nm 以上的红外谱段成分和其中强烈的线光谱，再经过冷光镜反射提供了太阳光谱的紫外和可见光成分；同时，钨灯光线经透红外滤光片和冷光镜，提供太阳光谱的红外成分。通过调节氙灯和钨灯的光强，改变太阳模拟器的光强和光谱，而且采用不同透射率的滤光片和冷光镜还可模拟不同标准的太阳光谱。

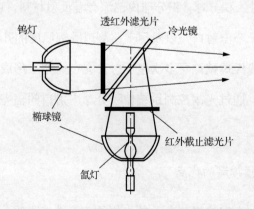

图 3.11　多光源太阳模拟器的组成与工作原理图

2. 多光源太阳模拟器的优点

采用多种光源组合作为太阳模拟器的光源，有效地提高了太阳模拟器的光谱模拟精度，同时，扩展了太阳模拟器的使用范围。

3.2.6　匀光棒式太阳模拟器

1. 组成与工作原理

匀光棒式太阳模拟器主要由电源、光源（氙灯）、椭球反射镜、匀光棒、场镜和准直透镜等组成[6]，匀光棒式太阳模拟器的组成和工作原理如图 3.12 所示。

氙灯位于椭球反射镜的第一焦点处，光源发出的光线经过椭球反射镜反射后汇聚在第二焦点处。在椭球反射镜第二焦点处加一个匀光棒，匀光棒为多边形玻璃柱体，光束在进入匀光棒的前端时，大部分光能集中在以光轴为中心的一个较小的圆面上，而外围的能量较小，且对应一个很大的立体角。

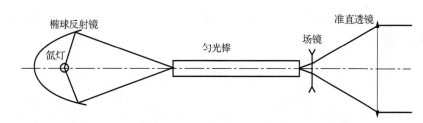

图 3.12　匀光棒式太阳模拟器的组成和工作原理示意图

在匀光棒的出口表面，圆形的发散光被反射分割为许多亚多边形表面，每个表面等于玻璃柱体的截面，在玻璃柱体的出口面上，这些亚多边形表面在中心重叠，形成有多边形截面的光。由此，匀光棒将光源发出的光线经过多次反射，最终在出光口重合，得到一个均匀的输出，再经过准直透镜平行照射辐照面，使辐照面看起来就像是无穷远发出来的太阳光一样。

2. 匀光棒式太阳模拟器的优点

采用匀光棒的太阳模拟器相比以往的光学积分器结构简单、加工容易、造价低廉，且辐照均匀性有一定的提高。另外，菲涅尔透镜、复眼透镜和自由曲面反射器等新型匀光器件的出现，也为太阳模拟器光学系统结构优化拓展了新的思路。

参 考 文 献

[1] 王俊, 黄本诚, 万大才, 等. 环境模拟技术[M]. 北京:国防工业出版社, 1996: 139-367.

[2] 杨林华, 范宁, 史瑞良. KM6 太阳模拟器拼接式准直镜的装校技术[J]. 航天器环境工程, 2005, 22(6): 342-346.

[3] 刘石. 高精度准直式太阳模拟器及其关键技术研究[D]. 长春: 长春理工大学, 2014.

[4] SOPORI B.L, MARSHALL C. Design of a fiber optic based solar simulator[C]//IEEE Conference Photovoltaic Specialists, 1991: 783-788.

[5] 杨亦强, 刘民. 航天用多结太阳电池的测试与双光源太阳模拟器[C]//第八届中国太阳能光伏会议论文集, 2004: 107-110.

[6] 王素平, 凌健博, 刘立伟, 等. 一种应用于太阳仿真器的照明系统设计[J]. 光电工程, 2006, 33(9): 32-34.

第4章 光学系统设计与分析

太阳模拟器光学系统作为太阳模拟器的重要组成部分，包括光源、聚光系统和匀光系统，如果是准直型太阳模拟器，则光学系统的组成中还包含准直系统。其中，光源决定了太阳模拟器的辐照度和光谱匹配度，需要配合光学滤光片使用；聚光系统决定了太阳模拟器的聚光效率，通常采用椭球聚光镜或以椭球聚光镜为基础的其他类型聚光镜；匀光系统决定了太阳模拟器的辐照均匀度，通常采用光学积分器；准直系统决定了太阳模拟器的张角，包括同轴准直和离轴准直。

本章以氙灯作为光源的同轴准直式太阳模拟器为例，阐述其光学系统的组成和工作原理，并重点讨论光学系统的设计方法，同时给出光学系统的仿真分析方法。

4.1 光学系统组成及总体布局

太阳模拟器作为典型的能量传输系统，要求系统具有较高的能量利用率，可以应充分利用光源发出的辐射能通量，同时在辐照面上实现高均匀度的辐照分布。在进行光学系统设计时，主要任务就是提高光学系统的能量利用率和辐照面处的辐照均匀度，而消除系统像差，提高系统成像质量并不是光学系统设计的主要研究对象。

根据使用要求，本节介绍的同轴准直式太阳模拟器的光学系统主要由七部分组成，分别是光源、椭球聚光镜、转向平面反射镜、光学积分器、视场光阑、光学滤光片和准直系统。太阳模拟器光学系统总体布局如图 4.1 所示。

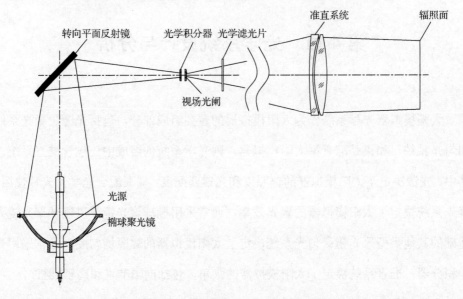

图 4.1　太阳模拟器光学系统总体布局

光源选用与太阳光谱接近的氙灯光源，配合光学滤光片实现太阳光谱模拟；聚光系统选用椭球聚光镜，实现太阳辐照模拟；光学积分器包括投影镜组和场镜组，提高辐照均匀度；准直系统配合视场光阑，实现太阳张角模拟；转向平面反射镜用于折转光路，改变太阳辐照的模拟方向。

4.2　光源选取、建模与设计

4.2.1　光源选取

光源是太阳模拟器的核心部件，合理地选择光源类型是太阳模拟器设计的前提。可以作为太阳模拟器的光源种类很多，包括氙灯、金属卤素灯、高强度碳弧灯等气体放电灯，钨丝灯、卤钨灯、LED 灯等固体光源。

不同的光源具有不同的优缺点。例如，氙灯光谱与太阳光谱接近，在可见光区与 6200K 黑体辐射接近，而且在使用寿命内光谱能量分布变化很小，氙灯点燃后可瞬时辐射 80% 的能量，同时氙灯的光、电参数一致性好，存在能量集中点为阴极斑，可以近似看成点光源。但是氙灯也有不足之处，其光谱在 800~1000nm 附近存在一个峰值，导致其光谱与太阳光谱存在较大差异。金属卤素灯的优点是近黑体辐射，可见波段光谱较好、连续性好、寿命长、光效高，但是光色一致性较差，在使用过程中金属卤素灯的光色有漂移，灯的特性会随着电源电压的变化而产生变化。再如固体光源中的 LED 灯，其优点是光谱匹配性较高，可集成光谱响应测试，寿命长，但是多种波长的 LED 光源，需要专门的光谱辐照均匀度设计，并且对 LED 性能匹配性要求高。

太阳模拟器光学系统综合考虑不同光源的优缺点，最终采用了氙灯作为太阳模拟器的光源。氙灯是利用氙气放电而发光的光源，光效可高达 50lm/W；氙灯在离开阴极 $0.07l_0$（l_0 为极距）处，有一个称为阴极光斑的最亮点，该点的辐射光通量达到灯的总辐射光通量的 70% 以上，这使氙灯（短弧）成为近乎理想的点光源，有利于光学系统的设计和使用[1]。

（1）发光机理。

氙灯属于惰性气体发光光源。主要由阳极、阴极、灯头、钼箔及石英玻璃泡壳组成。阴极和阳极位于泡壳的两侧，泡壳内是真空的，里面被充入一定量的氙气。氙灯的结构和工作电路示意图如图 4.2 所示。

氙灯发光原理是由阳极发出的高频高压脉冲电流激发阴极发射热电子，氙原子被激发电离产生强烈的弧光，可在两电极之间持续放电发光。氙灯被垂直点燃时，电弧长度最短，而且稳定性最好。

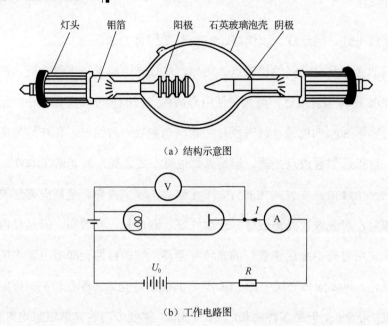

灯头　钼箔　　　　　阳极　石英玻璃泡壳　阴极

（a）结构示意图

（b）工作电路图

图 4.2　氙灯结构与工作电路示意图

（2）伏安特性。

对于氙灯电路，通过改变电源电压来测量在不同放电电流时的灯管电压就可

得到相应的气体电流电压曲线关系，图 4.3 为氙灯伏安特性曲线图。氙灯发光所

经历的各个阶段的流程图如图 4.4 所示[2]。

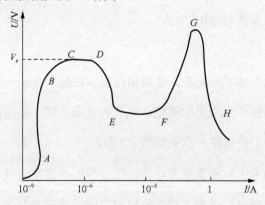

图 4.3　氙灯伏安特性曲线图

V_z 为着火电压

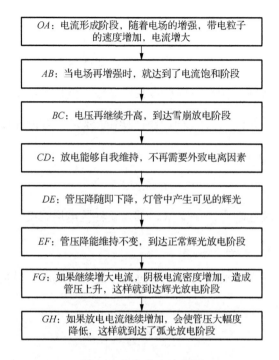

图 4.4　氙灯发光流程图

氙灯正常工作时都是处在弧光放电区，处于弧光放电区放电灯的伏安特性是不稳定的，这时就需要一定的镇流与功率控制装置，常用的是电子镇流器，电子镇流器可以进行调光控制。

（3）电弧特性。

氙灯的电弧被称为对流稳定型电弧，主要是由于氙气的气体原子很轻，对流的气流决定了氙灯电弧的形状和位置。所以，氙灯的点燃方式通常为竖直点燃，这样可以防止弧飘现象的发生。

弧飘会导致氙灯光电参数的变化，对灯的亮度、稳定性和使用寿命都会产生不利的影响。如果想要氙灯水平点燃使用，需要安装稳弧装置。另外，提高电场强度、缩短极距及增大放电电流也可以起到稳定电弧的作用。

（4）亮度特性。

氙灯的整个电弧亮度分布是很不均匀的，如图 4.5 所示。在氙灯的阴极与阳极之间，存在一个被称为阴极斑的能量集中区域，这里的能量占整个氙灯能量的 70%以上。图 4.6 是本节中太阳模拟器所使用的 5kW 氙灯的亮度分布曲线图。

由式（4.1）可计算出电弧中心亮度 L，单位为 cd/mm^2。

$$L=5.7P/T \qquad\qquad (4.1)$$

式中，P 为放电正柱区功率，单位 W，其与正柱区电场强度、工作电流和极距成正比；T 为极间距离，mm。

因此，要提高电弧的亮度，可以通过两个途径实现：一是提高正柱区功率；二是缩短极距。

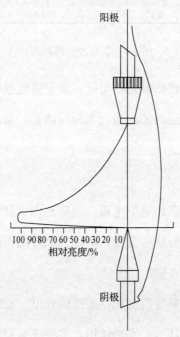

图 4.5　氙灯电弧亮度分布图

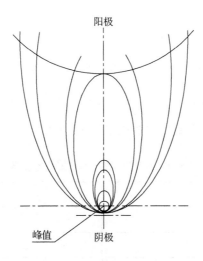

图 4.6　5kW 氙灯亮度分布曲线

（5）参数确定。

在选定氙灯作为模拟器光源之后，就要通过整个光学系统的能量利用率确定氙灯的功率。由于光能在系统中传递会不可避免地产生能量损失，因此想要得到所使用氙灯的功率，就必须计算出系统的能量利用率。

首先是氙灯的光电转换效率，接着对光能在光学系统的各个部分的能量利用率进行近似计算，最后得到整个光学系统的能量利用率。辐照度 E 的计算公式如下：

$$E = \frac{4PN\eta_1\eta_2\eta_3\eta_4\eta_5\eta_6\eta_7}{\pi D_0^2} \qquad (4.2)$$

式中，N 为灯的数量，$N=1$；η_1 为氙灯的光电转换效率，$\eta_1=45\%$；η_2 为氙灯在椭球聚光镜中的能量利用率，$\eta_2=85\%$；η_3 为光学积分器的孔径利用率，$\eta_3=15\%$；η_4 为聚光镜反射率，$\eta_4=85\%$；η_5 为转向平面反射镜反射率，$\eta_5=85\%$；η_6 为光学系统镜片的透射率，$\eta_6=90\%$；η_7 为光学积分器（场镜、投影镜）透射率，$\eta_7=70\%$；D_0 为太阳模拟器的有效通光口径。

若取有效通光口径 D_0 为 ϕ300mm，辐照度 E 为 1 个太阳常数（$1S_0$），即 $E=1353\text{W/m}^2$，则氙灯的功率至少为 4000W。考虑氙灯在工作过程中会发生老化现象，使自身的功率降低，所以实际使用的氙灯功率要高于理论计算的功率，因此选用 5000W 氙灯，其主要技术参数如表 4.1 所示。

表 4.1　5000W 氙灯的主要技术参数

技术指标		指标参数
功率		5000W
电源电压		380V
工作电压		35V
工作电流	额定值	140A
	使用范围	100～150A
光通量		225000lm
主要尺寸	全长 L	433mm
	安装长 L_0	382mm
	外径	70mm
	光中心高度 H	167.5mm
	极间距离	6.5mm
风冷速度		15m/s
平均寿命		1200h

4.2.2　光源建模

1. CAD 实体模型

根据选取 5000W 氙灯的结构参数，简化设计氙灯 CAD 实体模型，模型的剖面图如图 4.7 所示。

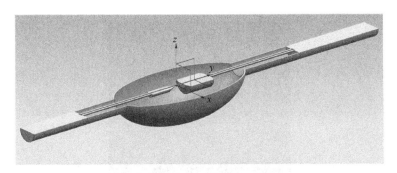

图 4.7　氙灯 CAD 实体模型剖面图

2. 光强空间分布

光强空间分布是指光源发出的光在空间上的分布，对照明灯具又称作配光曲线。氙灯在空间的光强分布是不均匀的，即在空间不同方向的光强是不相等的，为了表述这一特征，通常将光源在轴线平面上（0°～360°）各个方向测出的光强绘成曲线如图 4.8 所示。从中可以看出曲线呈蝴蝶状对称分布，若以阳极和阴极的连线为轴，将其旋转 360°，则可以得到氙灯在任意方向上的光强如图 4.9 所示。它在横截面（维度圆）内各个方向上的光强相等，纵截面（经度圆）内各个方向上的光强不一。

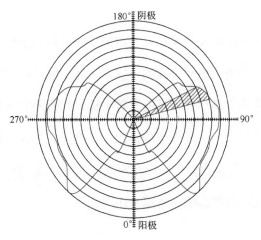

图 4.8　氙灯配光曲线

图 4.9　氙灯光强的空间分布

由图 4.8 可知，氙灯在阳极与阴极的两端，由于两个电极的遮挡，基本上为无光区。阳极遮光区在 50° 左右（150° ～180°），阴极遮光区在 20° 左右（0° ～10°），93%的光通量在 30° ～150° 范围内，其中最重要的部分在配光曲线 40° ～140° 附近，这一区域占氙灯总光通量的 85%以上。

3. 氙灯发光特性

发光特性是指在光源的实体模型上设定的发光性质，主要体现在不同组成部分出射光线的出射点、光通量和方向的不同，具体在氙灯中体现在亮度曲线中能量的分布。照度是决定物体明亮程度的直接指标，同时照度与亮度关于距离的平方成反比，也可以说照度与亮度图像成正比，亮度分布图像可以从经度剖面图某一角度平面内截取。氙灯极坐标下的配光曲线经度剖面图（图 4.8）的阴影部分即为氙灯某一角度内的等亮度曲线，如图 4.10 所示。

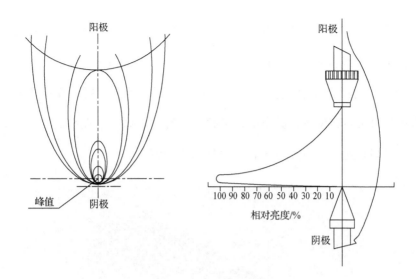

图 4.10　氙灯等亮度曲线

距离阴极 0.07Larc（Larc 是极间距）处最亮，称为阴极斑。离阴极斑越近亮度越高，远离阴极斑亮度迅速衰减，沿阴阳极轴向衰减较快，径向衰减较慢。

4. 氙灯仿真设计

氙灯模型对于整个太阳模拟器的仿真设计十分重要，为了更好地模拟出氙灯发光的实际效果，分别从氙灯 CAD 实体模型构成、氙灯发光特性以及氙灯空间光强分布三方面进行逐步模拟。

（1）氙灯体光源模型。

根据氙灯的发光特征，将整个发光区域分为 3 个子区域，每个子区域分别用 1 个子光源模型来模拟，如图 4.11 所示。3 个体光源几何尺寸分别为：球体光源的直径是 $\phi0.5\text{mm}$；小圆柱体光源底面直径为 $\phi1.5\text{mm}$，高为 2.5mm；大圆柱体光源底面直径为 $\phi2.2\text{mm}$，高为 6mm。

球体光源圆心位于距离阴极 0.07Larc 处，用于模拟阴极斑。小圆柱体光源中心线与阴阳极轴线重合，底面圆心与阴极重合，用于模拟发光核心区。大圆柱体光源中心线也与阴阳极轴线重合，底面圆心与阴极重合，用于模拟非核心区。3 个体光源的布局和位置是固定的，但每个光源的具体尺寸大小是结合后面仿真得到的一个较优组合，并不唯一，可以做适当微调。

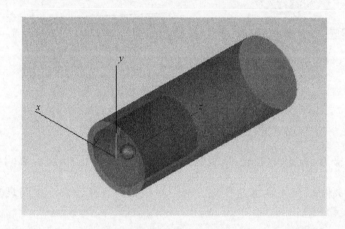

图 4.11　氙灯体光源模型

（2）氙灯发光功率分布的计算。

首先需要得到氙灯亮度相对强度分布曲线，以阴极为原点，阴极与阳极的中轴线为 x 轴，氙灯轴向亮度的相对强度为 y 轴，拟合亮度相对强度曲线如图 4.12 所示。根据图 4.12 中亮度分布取了 5 个采样点，并设阴极斑的亮度为 1，将其转化为亮度相对强度，然后用幂指数函数进行拟合得到轴向上亮度相对强度分布曲线，曲线方程为

$$y = 1.2109 \times e^{-0.3652x} \tag{4.3}$$

式中，$0.5 \leqslant x \leqslant 6.5$。当残差平方和为 0.00123，拟合效果较好。

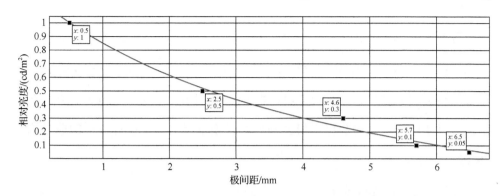

图 4.12　氙灯亮度相对强度分布曲线

可先不考虑发光角度，假设每个子光源模型的发光点都集中在模型的面上，呈均匀分布，则整个表面每一点的亮度相等、发光功率相等，从而可设该表面的亮度与发光功率的面密度呈正比例关系。则从内到外各个模拟子光源模型的发光功率面密度 L_1、L_2、L_3 可定义为

$$L_1 = 1 \times k \tag{4.4}$$

$$L_2 = \frac{1}{b} \times \int_a^b 1.2109 \times e^{-0.3652x}\, dx \times k \tag{4.5}$$

$$L_3 = \frac{1}{6.5} \times \int_b^{6.5} 1.2109 \times e^{-0.3652x}\, dx \times k \tag{4.6}$$

式中，$0.5<a<b<6.5$，a、b 表示距离阴极的距离；$k>0$，是表面亮度与发光功率面密度的一个比例系数，单位是 W/cd。这时，若已知氙灯的电功率为 P，则子光源的发光功率 P_i 的值为

$$P_i = P \times \eta \times \frac{L_i \times A_i}{\sum_{i=1}^{n}(L_i \times A_i)} \tag{4.7}$$

式中，A_i 为对应的模拟子光源模型的表面积，$i = 1,2,\cdots,n$，所建模型中 n 为 3；η 为氙灯光电转换效率，一般取 45%。

对于式（4.4）～式（4.7），a 和 b 具体取值大小可通过二分插值法，不断代入式（4.7），以整个氙灯模型大约 70%的功率集中在阴极斑和核心区为参考准则。按上述模型，当 a 取 1.2，b 取 5.7 时，得到 $L_1 : L_2 : L_3 = 1 : 0.407 : 0.072$，$P_1 : P_2 : P_3 = 1 : 11.4 : 5.2$，此时阴极斑模型与核心区模型所占整个氙灯模型的能量比为70.45%。

（3）氙灯空间光强分布。

在氙灯发光仿真图（4.13（a））中，90°平面为纬度圆方向，180°平面为经度圆方向。在光学建模软件中通过输入所测量的氙灯的空间光强分布即角度切趾文件，然后进行归一化处理，就可以得到氙灯数据归一化后的配光曲线（图4.13（b））。而图4.13（c）是通过三个均匀发光的体光源模型模拟的配光曲线。

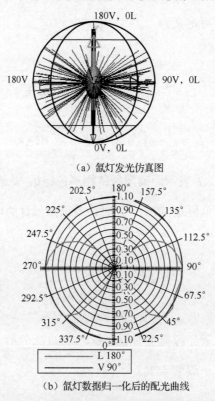

（a）氙灯发光仿真图

（b）氙灯数据归一化后的配光曲线

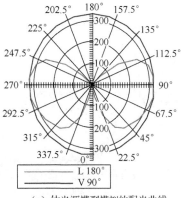

（c）体光源模型模拟的配光曲线

图 4.13　氙灯配光曲线

从图 4.13（c）中的网格数据可以得到氙灯的最大辐射能通量为 331W，当设定为单一光谱且波长为 550nm 时，Light Tools 中有内置换算 1W=679.55lm，从而在所模拟的氙灯配光曲线中折合最大光通量 224931.05lm，与氙灯说明书提供的最大光通量 225000lm 接近，说明氙灯发光角度得到了较好的模拟。

4.2.3　光源设计

1. 光源光谱分布

氙灯光谱分布和地球外层空间太阳光谱分布曲线如图 4.14 所示，两者在不同的波长能量相对分布存在差异，尤其波长在 0.8~1.1μm 差异较大，故需设计滤光片进行光谱修正，滤光片的膜层抗能量阈值要高，膜层要牢固。

对氙灯的光谱进行测试，结合光学系统的波段透射率，可以计算出未经过滤光片修正的模拟器光谱辐照分布，将其与标准太阳光谱辐照分布相比较，计算出滤光片的波段透射率。滤光片波段透射率要求如表 4.2 所示。

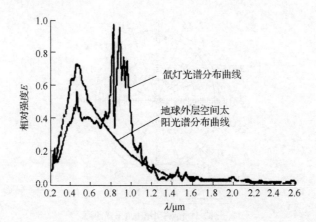

图 4.14　氙灯光谱分布和地球外层空间太阳光谱分布曲线

$$a = \sum_{\lambda_1}^{\lambda_2} b \, T = C / Ka \qquad (4.8)$$

式中，a 为模拟器未使用滤光片时在 $\lambda_1 \sim \lambda_2$ 波段内的辐照度；b 为模拟器未使用滤光片时在 $\lambda_1 \sim \lambda_2$ 波段内的光谱辐照度分布；C 为在 $\lambda_1 \sim \lambda_2$ 波段内标准太阳光谱辐照度；K 为模拟器光谱全波段辐照强度与标准太阳光谱全波段辐照强度归一化因子；T 为 $\lambda_1 \sim \lambda_2$ 波段内滤光片的波段透射率理论值。

表 4.2　滤光片波段透射率要求

波长/nm	透射率/%
300～780	85±5
800～1000	34±5
930	30
1020～1100	70±5

2. 光谱修正方法

设计的滤光片要求在一定波段内高反射，并在此波段以外具有高透射。同时滤光片需要在辐照度为 1500W/m² 的条件下工作，这就要考虑膜层的耐高温程度，另外，要求膜料的吸收小，应力匹配要好，膜层牢固不发生龟裂。故选用低折射率二氧化硅（SiO$_2$，n=1.47，λ=550nm）和高折射率材料的钛镧混合物 H$_4$（主要成分是 LaTiO$_3$）作为膜料，如图 4.15 所示为 H$_4$ 折射率与温度的关系曲线。

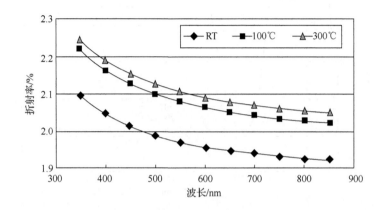

图 4.15　H$_4$ 折射率与温度的关系曲线

　　根据工程经验，滤光片对波段为 400～750nm 的光谱透射率较低，平均透射率约为 90%，而且次峰较多，为了消除这些影响，在膜系与基片之间加入匹配层三氧化二铝（Al$_2$O$_3$），提高短波区的透射率，同时三氧化二铝（Al$_2$O$_3$）又作为黏结层，提高膜层的附着力。

　　采用基础膜系为 G| M (0.5L H 0.5L)^4| A，M 为 Al$_2$O$_3$，优化结果 G |1.0445M 1.0428L 1.0361H 1.0356L 1.0414H 1.0233L 0.9841H 0.9993L 0.9973H 0.5081L| A。理论光谱透射率曲线如图 4.16 所示。

　　使用荷兰 Avantes B.V.公司生产的 AvaSolar-3 型分光辐射仪对使用所设计的滤光片的模拟器进行光谱辐照度测试，其光谱响应范围 0.3～2.5μm，光谱采样间隔为 1nm，辐照度测量精度小于±5%，光谱曲线实测结果如图 4.17 所示，各谱段范围内的辐照度占总辐照度的百分比如图 4.18 所示。依据《国家标准太阳模拟

太阳模拟器技术与应用

器通用规范》，要求测试范围为 0.4～1.1 μm，经滤光片修正后各波段光谱能量分布达到了太阳模拟器光谱的 A 级标准。

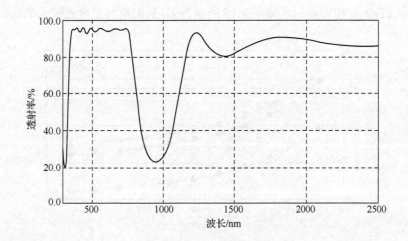

图 4.16　理论光谱透射率曲线

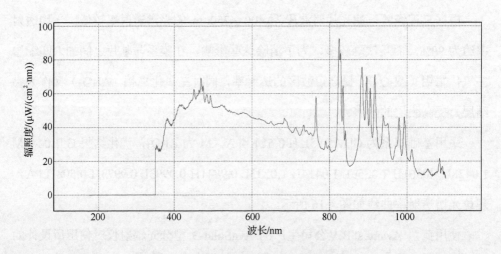

图 4.17　实测的太阳模拟器光谱辐照度曲线

· 82 ·

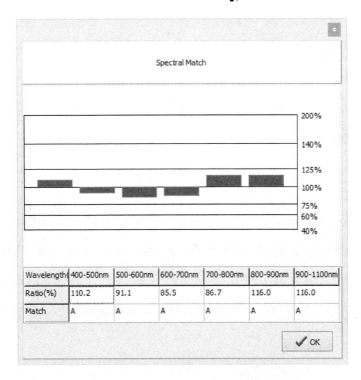

图 4.18　各谱段范围内的辐照度占总辐照度的百分比

4.3　聚光系统设计

聚光系统的作用是充分汇聚氙灯的辐射能通量，提高光源的能量利用率。聚光系统设计的优劣直接决定了辐照面上的辐照度和辐照均匀度。

在设计聚光系统时，要明确两个概念：第一，聚光效率是光源发出的总辐射能通量与聚光系统汇聚的辐射能通量的比值；第二，光学积分器口径利用率是聚光系统汇聚到场镜平面的辐射能通量与场镜口径内接收到的辐射能通量的比值。要保证所设计的聚光系统具有高聚光效率，光学积分器就需要具有高孔径利用率，且光学积分器场镜组通光口径内的辐照度应梯度平缓。这些都会影响太阳模拟器在辐照面上的辐照度和辐照均匀度。

4.3.1 椭球聚光镜设计

传统的太阳模拟器聚光系统所选用的椭球聚光镜,相对其他形式的聚光系统,制作简单,使用方便,且工作寿命长。

1. 工作原理

椭球聚光镜具有两个焦点,分别是第一焦点和第二焦点。工作时,第一焦点处发出的光线经镜面反射后,会聚在第二焦面处,如图 4.19 所示。图中,F_1 为第一焦点,F_1 到原点的距离 f_1 为第一焦距,F_2 为第二焦点,F_2 到原点的距离 f_2 为第二焦距,u_{m} 为最大包容角,u' 为像方孔径角,u 为物方孔径角,u_0 为底部开口角。

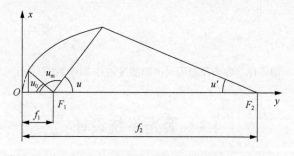

图 4.19　椭球聚光镜的聚光原理

根据图 4.19 所建立的坐标系,给出椭球镜二维方程为

$$\frac{(x-a)^2}{a^2} + \frac{y^2}{b^2} = 1 \tag{4.9}$$

式中,a 为椭圆的长轴,且 a 与 Ox 轴重合,$a = (f_1 + f_2)/2$;b 为椭圆的短轴,$b = \sqrt{f_1 \cdot f_2}$。

2. 近轴放大倍率

严格地说,非成像光学系统没有能够表征成像特征的成像倍率,这是因为非成像光学系统的成像关系十分复杂，通常一个光学元件有多个成像关系叠加在一起，无法用一个特征量来表征成像特点，所以非成像光学系统通常从能量的角度来进行研究。但在满足能量要求的前提下，可以使用满足函数关系的成像倍率参数来简化设计过程，从而降低设计的难度。

椭球聚光镜的近轴成像倍率是基于聚光镜微分环带的思想得到的，将椭球聚光镜分成无数个环带，每个环带相对两个焦点的放大倍率不同，其关系可以用一个基于孔径角 u 的函数来表示[3]：

$$M_u = \frac{e^2 + 2e\cos u + 1}{e^2 - 1} \tag{4.10}$$

式中，e 为椭球面偏心率；u 为椭球面物方孔径角。

由此可知，光源经椭球聚光镜不同环带成像在第二焦面上形成大小不同的光斑。不同大小的光斑能量叠加在一起，就形成了椭球聚光镜第二焦面处的总体能量分布。利用这一思想可以计算第二焦面处有效辐照面积，也可以通过辐照度叠加的方法来计算辐照面的能量和辐照分布。

3. 聚光效率

聚光效率是聚光系统最重要的参数。假设光源发出的全部辐射能通量为 $2\pi\int_0^{180°} t(U)\sin u \, du$，经椭球聚光镜后会聚到第二焦面上的辐射能通量为 $2\pi\int_{u_0}^{u_m} t(U)\sin u \, du$，则聚光系统的聚光效率 K_c 可由式（4.11）表示。由式（4.11）可知，K_c 取决于辐射强度的相对分布和聚光镜的包容角。

$$K_c = \frac{2\pi\int_{u_0}^{u_m} t(U)\sin u \, du}{2\pi\int_0^{180°} t(U)\sin u \, du} \tag{4.11}$$

式中，$t(U)=I/I_0$，I_0 为灯弧的法向光强，I 为任意与氙灯轴线成 u 角方向上的光强。

4. 成像特性

椭球聚光镜是照明系统中提高光能利用率的常用元件。本质上，对非成像光学系统的研究也和成像光学系统一样，研究的是物与像的关系，但由于非成像光学系统中光学元件的特殊性，无法找到一个理想的像面，因此学者们弱化了对成像的研究，只关注于能量的研究，事实上辐照面上的能量分布同样是由光源的成像特性引起的，因而对椭球聚光镜的光学成像特性的研究是非常有必要的。

椭球聚光镜有两个很重要的特征：一是椭球聚光镜的第一焦点发出的光线经椭球面反射到第二焦点处是等光程的，即椭球面是费马原理所述的等光程面；二是从第一焦点处发出的光线经多次反射后充分逼近光轴。从太阳模拟器的光学系统的实际出发，应着重研究椭球第二焦面处的成像特性。

物点经椭球聚光镜各点后都会在第二焦面上成像，所以在椭球第二焦面处其实是无数像的叠加，由于每点成像的特性和大小不一，因此椭球聚光镜一般不能用一个统一的放大倍率来研究成像关系。

（1）轴上点成像性质。

椭圆方程为 $\dfrac{x^2}{a^2}+\dfrac{y^2}{b^2}=1$，如图 4.20 所示。式中，$a$、$b$ 分别为椭圆的长轴和短轴；F_1，F_2 分别为椭圆的第一焦点和第二焦点。

x 轴上点 A 到 F_1 的离焦量为 Δx，则在第二焦点处的离焦量为 $\Delta x'$，由于离焦引起的角度增量为 α，在图 4.20（a）中，设椭圆上任意点 M 坐标为（$-m$，n），r_1、r_2 为焦半径，r_3、r_4 为轴上离焦点到 M 的距离。

设 $\angle F_1MF_2=\gamma$，$\angle MBA=\beta$，则 $\gamma=\arccos\left(\dfrac{r_1^2+r_2^2-(2\cdot c)^2}{2r_1\cdot r_2}\right)$，其中，$r_1=\sqrt{(c-m)^2+n^2}$，$r_2=\sqrt{(c+m)^2+n^2}$，$c=\sqrt{a^2-b^2}$；离焦引起的角度增量

$$\alpha = \arccos\left(\frac{r_1^2 + r_3^2 - \Delta x^2}{2r_1 \cdot r_3}\right) \quad , \qquad \angle MAF_1 = \arccos\left(\frac{r_3^2 + \Delta x^2 - r_1^2}{2 \cdot r_3 \cdot \Delta x}\right) \quad , \qquad 其\ 中\ ,$$

$$r_3 = \sqrt{\left(c - m - \Delta x\right)^2 + n^2} \ 。$$

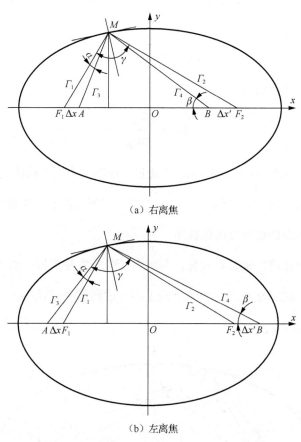

（a）右离焦

（b）左离焦

图 4.20　椭球聚光镜轴上点成像特性图

根据反射定律$\angle F_2MB = \angle AMF_1 = \alpha$，则在$\triangle AMB$中，根据三角形内角和定理知$\beta = \pi - \left(\gamma - 2 \cdot \alpha\right) - \angle MAB$。

在$\triangle BMF_2$中，根据正弦定理可知，得

$$\frac{\sin\alpha}{-\Delta x'} = \frac{\sin\beta}{r_2} \tag{4.12}$$

$$\Delta x' = -\frac{\sin\alpha \cdot r_2}{\sin\beta}$$

向左离焦时，在图 4.20（b）中，第二焦点离焦 $\Delta x'$ 和向右离焦时推导方法相同，由此可知，得到

$$\beta = \pi - \angle MAB - 2\alpha - \gamma \tag{4.13}$$

同样根据正弦定理得

$$\Delta x' = \frac{\sin\alpha \cdot r_2}{\sin\beta} \tag{4.14}$$

综上所述，当 Δx 为负值时，$\Delta x'$ 为正值，在第二焦面上截距为正值，当 Δx 为正值时，即如图 4.20（b）所示，$\Delta x'$ 为负值，在第二焦面上的截距为负值。

（2）第一焦面处轴外点成像性质。

对于椭球聚光镜的轴外点成像，与轴上点分析方法类似。由于轴上点的离焦量有两个方向，故对轴外点的成像分析也将分成两部分来说明，下面以左离焦为例，如图 4.21 所示。

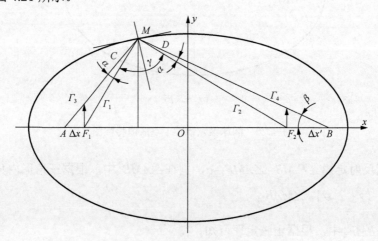

图 4.21　椭球聚光镜轴外点成像示意图

当椭球聚光镜的反射点位于 CD 段时，则物在轴上的投影向左离焦，此时，

在第二焦面上成正像。物经 *CD* 段的每点都会在第二焦面上成像，故在第二焦面上形成一个物像的叠加区。由于各点成像性质不同，故不存在统一的放大倍率。

假设第一焦点处有一物高为 y，经 *CD* 段反射在第二焦面处成像高为 y'，椭圆方程为 $\dfrac{x^2}{a^2}+\dfrac{y^2}{b^2}=1$，$a$、$b$ 分别为椭圆的长轴和短轴，F_1、F_2 分别为椭圆的第一焦点和第二焦点，A 到 F_1 的离焦量为 Δx，则在第二焦点处的离焦量为 $\Delta x'$，由于离焦引起的角度增量为 α，设椭圆上任意点 M 坐标为（$-m$，n），r_1、r_2 为焦半径，r_3、r_4 为轴上离焦点到 M 的距离，则得

$$\tan\angle MAF_1=\frac{y}{-\Delta x}=\frac{n}{c-m-\Delta x}\Rightarrow \Delta x=\frac{y(c-m)}{y-n} \tag{4.15}$$

$$\gamma=\arccos\left(\frac{r_1^2+r_2^2-(2\cdot c)^2}{2r_1\cdot r_2}\right) \tag{4.16}$$

式中，$r_1=\sqrt{(c-m)^2+n^2}$；$r_2=\sqrt{(c+m)^2+n^2}$；$c=\sqrt{a^2-b^2}$；$\alpha=\arccos\left(\dfrac{r_1^2+r_3^2-\Delta x^2}{2r_1\cdot r_3}\right)$；$\angle MAF_1=\arccos\left(\dfrac{r_3^2+\Delta x^2-r_1^2}{-2r_3\cdot\Delta x}\right)$；$r_3=\sqrt{(c-m-\Delta x)^2+n^2}$。

根据反射定律，$\angle F_2MB=\angle AMF_1=\alpha$，则在 $\triangle AMB$ 中，根据三角形内角和定理知 $\beta=\pi-\angle MAF_1-2\alpha-\gamma$，故在 $\triangle BMF_2$ 中，根据正弦定理知，得

$$\frac{\sin\alpha}{\Delta x'}=\frac{\sin\beta}{r_2} \tag{4.17}$$

$$\Delta x'=\frac{\sin\alpha\cdot r_2}{\sin\beta} \tag{4.18}$$

$$y'=\tan\beta\cdot\Delta x'=\frac{\sin\alpha\cdot r_2}{\cos\beta} \tag{4.19}$$

上述对于椭球聚光镜的研究，是对其复杂成像关系的一种简化研究，即将椭球聚光镜的立体回转结构简化成平面椭圆的形式，主要目的是研究一种能够较为

准确计算第二焦面处成像尺寸及辐照度的方法。

另外，将上述推导的理论公式扩展到三维空间，辅助以计算机程序，就可精确计算第二焦面处光斑的形状和尺寸，这就为光学积分器的尺寸设计提供了理论依据。同时，利用辐照度的叠加原理，通过计算机程序的编制，可更加精确地获得第二焦面处辐照度分布情况，是不同于基于蒙特卡罗法计算辐照度的一种新方法，由此可知，对于椭球聚光镜成像关系的研究是十分必要的。

4.3.2 组合聚光镜设计

椭球聚光镜光能利用率受到自身包容角的限制，很难满足氙灯的发光角度，其收集光线的能力直接影响到光学系统的光能利用率。为充分利用光能，椭球聚光镜的包容角 α，取值越大越好，因为只有在包容角范围内的光线才能有效地汇聚到第二焦点 F_2。但是随着包容角 α 的增大，椭球聚光镜的深度也越来越大，这给非球面光学加工及表面镀膜方面带来困难，如图 4.22 所示。

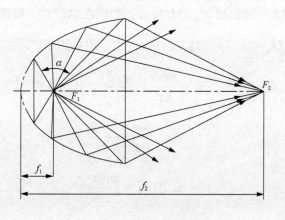

图 4.22 椭球聚光镜外形图

从图中可以明显看出，即使椭球聚光镜的包容角很大，还是会有未经聚光镜的光线（直射光）无法有效被利用。在光学系统里，这部分光线不但被白白浪费，还会产生杂散光，影响光学效果。为了能够把这部分直射光线充分利用，可将椭球聚光镜与球面反光镜同时使用，形成组合聚光镜，如图 4.23 所示。

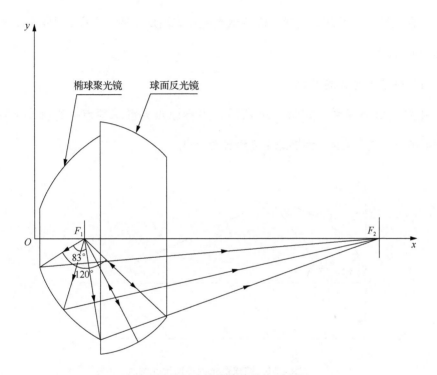

图 4.23　组合聚光镜的结构示意图

1）组合聚光镜的工作原理

组合聚光镜中椭球聚光镜和球面反光镜的光轴是重合的，同时使球面反光镜的球心和椭球聚光镜的第一焦点 F_1 相互重合。将氙灯光源放置在 F_1 处，由氙灯发出的光线分为两部分：一部分经椭球聚光镜反射后汇聚在第二焦面处，另一部分直射光会照射到球面反光镜上。

根据球面反光镜的性质，直射到球面反光镜上的光线反射后会再次穿过球心 F_1 照射在椭球聚光镜上，再经过反射同样汇聚在第二焦面处。因此，氙灯不经过椭球聚光镜反射的直射光不但不会成为杂散光，而且还被有效地利用，进而提高了氙灯的能量利用率，同时起到消除杂散光、提升光学系统性能的作用。

2）组合聚光镜的设计与分析

组合聚光镜由两部分组成：椭球聚光镜和球面反光镜。下面分别介绍这两部分的设计方法。

（1）椭球聚光镜的设计。

建立直角坐标系，如图 4.24 所示，坐标原点为椭球顶点，光轴为 x 轴，式（4.20）～式（4.24）为椭球聚光镜计算公式。

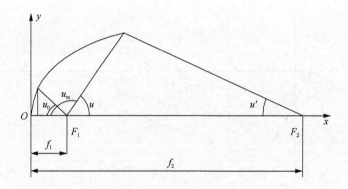

图 4.24　椭球聚光镜外形尺寸图

$$y^2 = 2R_0 x - (1 - e^2)x^2 \tag{4.20}$$

$$y = f_2 \tan u' - x \tan u' \tag{4.21}$$

$$R_0 = \frac{2f_1 f_2}{f_1 + f_2} \tag{4.22}$$

$$e = \frac{f_2 - f_1}{f_2 + f_1} \tag{4.23}$$

$$f_2 = M_0 f_1 \tag{4.24}$$

式中，f_1 为椭球聚光镜的第一焦距；f_2 为椭球聚光镜的第二焦距；e 为椭偏率；R_0

为近轴（顶点处）曲率半径；M_0 为近轴成像倍率；u、u' 分别为物方孔径角、像方孔径角。

（2）椭球聚光镜的成像倍率。

椭球聚光镜的成像倍率即为组合聚光镜的成像倍率，聚光镜不同环带对第一焦面、第二焦面的成像倍率不同，但都是 u 角的函数，即

$$M_u = \frac{e_{组}^2 + 2e_{组}\cos u + 1}{e_{组}^2 - 1} \qquad (4.25)$$

式中，$e_{组}$ 为组合聚光镜中的椭偏率；M_u 为组合聚光镜中椭球面反光镜角 u 所对应环带的成像倍率。

在 4.2 节中已对氙灯的特性进行了详细的介绍，氙灯存在一个能量集中区，也就是氙灯的阴极斑。为了充分利用氙灯的能量，阴极斑应置于聚光镜的第一焦点处。由式（4.25）可知，将聚光镜看作许多环带的组合，不同环带对阴极斑的放大倍率是不同的，这样位于第一焦点上的阴极斑经聚光镜不同环带成像到第二焦点上，所形成的辐射能通量分布范围不同。第二焦点上辐射能通量的总分布是各环带形成的各子分布的叠加，形成一个近似的高斯能量分布。这对辐照面上的辐照均匀度是不利的，所以需要依靠离焦来改善辐照面上的辐照均匀度。

（3）椭球聚光镜的聚光效率。

聚光镜的聚光效率定义为氙灯发出的全部光能与被组合聚光镜汇聚到第二焦面上的光能的比值，用 K_c 表示，计算公式如下：

$$t(u'') = I/I_0 \qquad (4.26)$$

式中，$t(u'')$ 为氙灯辐照度在不同方向上的相对分布，u'' 为与氙灯轴线所成的角度；I 为与氙灯轴线成 u'' 角方向上的光强；I_0 为氙弧法向光强。

（4）球面反光镜的设计。

若要利用未经椭球聚光镜的直射光线，则应保证直射光线在辐射到球面反光镜后按照原路径返回。根据球面反光镜的性质，其球心与椭球聚光镜的第一焦点重合，建立直角坐标系，如图4.25所示。

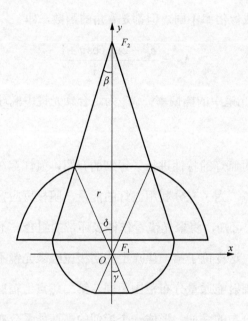

图4.25　球面反光镜示意图

椭球聚光镜第一焦点（即球面反光镜球心）为坐标原点，光轴为y轴，依据式（4.27）～式（4.29）计算球面反光镜半径。

$$\frac{r}{\beta} = \frac{f_2 - f_1}{180° - \beta - \delta} \tag{4.27}$$

$$\delta = \gamma \tag{4.28}$$

$$x^2 + (y - b)^2 = r^2 \tag{4.29}$$

4.4　光学积分器设计

4.4.1　光学积分器原理和组成

太阳模拟器的光学积分器类似柯勒照明，是一种衍生于柯勒照明原理的具有匀光功能的光学器件。

1. 柯勒照明原理

柯勒照明是在 19 世纪末，由 Zeiss 公司的工程师柯勒（August Kohler）发明的二次成像照明方法。它克服了临界照明不均匀的缺点，为均匀照明方式的发展开创了方向。柯勒照明原理如图 4.26 所示。

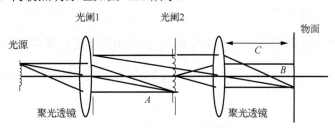

图 4.26　柯勒照明原理

柯勒照明系统由两个透镜（组）和两个光阑组成，前透镜（组）又称柯勒镜，其后紧靠着光阑 1，后透镜（组）又称成像物镜，光阑 2 则位于后透镜（组）的焦面上。对于前透镜组，光阑 1 为孔径光阑，光阑 2 为视场光阑，而对于后透镜组，则光阑 1 为视场光阑，光阑 2 为孔径光阑。前透镜（组）将光源成像于光阑 2 所处平面，后透镜（组）再将光源像（即光阑 2 平面）成像于无穷远，同时也将光阑 1 成像于照明物面。即组成一种"窗对瞳、瞳对窗"的光学成像系统。

柯勒照明提供了一种弱化光源的形状、大小，以及视场角对辐照均匀度影响的均匀照明方法，同时通过有效控制两个光阑，可以减少杂散光的影响，提高照明对比度。

2. 光学积分器成像原理

柯勒照明虽然克服了光源直接成像引起的辐照面的不均匀度，但是依然受轴外像点像面照度的限制。

$$E'_\mathrm{B} = E'_O \cdot \cos^4 \theta \tag{4.30}$$

式中，E'_B 是轴外像点像面照度；E'_O 是轴上像点像面照度；θ 是角度。

同时，氙灯存在着电极遮拦的问题，在不同方向上的亮度分布不一致，这些都对辐照面上的辐照均匀度不利。所以，我们需要设计光学积分器来实现太阳模拟器高辐照均匀度要求。

理想光学积分器的原理如图 4.27 所示，主要由两个透镜及两个透镜阵列组成。光源位于前附加镜（before lens，BL）的焦面上，两个透镜阵列互相位于对方的焦面上。

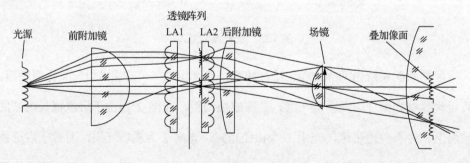

图 4.27　光学积分器原理

光学积分器成像关系主要有两个：第一个是光源经前附加镜成像于无穷远，透镜阵列 LA1 将无穷远处光源像分成多个并重新成像于其焦面上，即 LA2 所处平面,最终由后附加镜和场镜组合将光源像再次成像于像面处。这一过程实际就是柯勒照明将光源成像的过程。第二个是 LA1 经 LA2 成像于无穷远,再经后附加镜(after lens,AL)成像于焦面处。这个过程其实就是柯勒照明中将视场光阑成像的过程。

整个光学系统中,LA1 为视场光阑,相当于柯勒照明中的光阑 1,LA2 为孔径光阑,相当于柯勒照明的光阑 2。光学积分器实现的是出射窗和光源像面的双重辐照均匀效果。通常利用的均匀照明面都是后附加镜焦面处的 LA1 微透镜叠加像面。

3. 光学积分器匀光原理

(1)轴上点像面照度的计算。

假设取物方的微面元为 $\mathrm{d}A$ 和像面微面元为 $\mathrm{d}A'$,物方孔径角为 U,像方孔径角为 U',物面亮度为 L 和像面亮度为 L',将物面视作余弦辐射体,则从物面微面元 $\mathrm{d}A$ 向物方孔径角 U 发出的光通量为 ϕ,可得

$$\phi = \pi L \mathrm{d}A \sin^2 U \tag{4.31}$$

设从出瞳面入射到像面微面元 $\mathrm{d}A'$ 上的光通量为 ϕ',可得

$$\phi' = \pi L' \mathrm{d}A' \sin^2 U' \tag{4.32}$$

考虑光学系统中能量传播的损失,故设 τ 为系统的透射率,可得 $\phi' = \tau \phi$,与式(4.31)联立得

$$\phi' = \tau \pi L \mathrm{d}A \sin^2 U \tag{4.33}$$

轴上像点的光照度由式(4.34)给出:

$$E' = \frac{\phi'}{\mathrm{d}A'} = \tau \pi L \frac{\mathrm{d}A}{\mathrm{d}A'} \sin^2 U \tag{4.34}$$

又因为有

$$\frac{\mathrm{d}A}{\mathrm{d}A'} = \frac{1}{\beta^2} \qquad (4.35)$$

故可得

$$E' = \frac{1}{\beta^2} \tau \pi L \sin^2 U \qquad (4.36)$$

由式（4.34）可知，像面辐照度为

$$E' = \frac{\tau \cdot E}{\beta^2} \qquad (4.37)$$

若光学系统满足正弦条件，则放大倍率如下：

$$\beta = \frac{n \sin U}{n' \sin U'} \qquad (4.38)$$

将式（4.36）和式（4.38）代入式（4.37）中，得到轴上点像面辐照度如下：

$$E' = \frac{n'^2}{n^2} \tau \pi L \sin^2 U' \qquad (4.39)$$

由式（4.39）可以看出，像面轴上点照度与像方孔径角正弦的平方成正比关系，与线放大率的平方成反比关系。

（2）轴外像点的照度。

经过像面轴外点 M 的主光线和光轴之间夹角 ω' 称为像方视场角。另外设轴外点像方孔径角 U'，轴外点物方孔径角为 U，则若在物面为朗伯辐射体的情况下，M' 点的像面照度可表示为

$$E'_M = \frac{n'^2}{n^2} \tau \pi L \sin^2 U'_M \qquad (4.40)$$

当 U'_M 较小时，则得

$$\sin U'_M \approx \tan U'_M = \frac{\dfrac{D'}{2}\cos \omega'}{\dfrac{l'_0}{\cos \omega'}} = \frac{D'\cos^2 \omega'}{2l'_0} \approx \sin U' \cos^2 \omega' \qquad (4.41)$$

式中，D' 为出瞳直径尺寸；l'_0 为像面与出瞳之间的距离。把 $\sin U'_M$ 代入式（4.40）得到像面照度，得

$$E'_M = \frac{n'^2}{n^2}\tau \pi L \sin^2 U' \cos^4 \omega \qquad (4.42)$$

即

$$E'_M = E'_0 \cos^4 \omega \qquad (4.43)$$

式中，E'_0 是轴上像点的公式表达，$E'_0 = \dfrac{n'^2}{n^2}\tau \pi L \sin^2 U'$。

由式（4.43）可以看出，轴外像点的光照度与轴上点的光照度是随视场角 ω' 的增大而降低的函数关系。那么由式（4.37）可进一步得

$$E'_M = \frac{\tau E'_0 \cos^4 \omega'}{\beta^2} \qquad (4.44)$$

（3）光学积分器照度分布。

由光学积分器成像关系可知，前排透镜阵列作为多个小的视场光阑成像，最后叠加在辐照面上，如图 4.28 所示，所以最终的叠加面辐照分布为

$$E' = \frac{\sum_1^i E'_{Mi}}{\beta^2} = \frac{\sum_1^i \tau E_{0i} \cdot \cos^4 \omega'}{\beta^2} \qquad (4.45)$$

式中，E' 为叠加像面的辐照度；i 为积分器通道数；E'_{Mi} 为第 i 通道的像面照度；E_{0i} 为第 i 通道的物面辐照度；β 为放大倍率；ω' 为像方视场角。

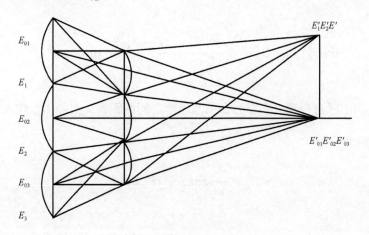

图 4.28　光学积分器辐照叠加原理

若 ε 为辐照均匀度值，由辐照均匀度公式（4.46）可知：

$$\varepsilon = \frac{E'_{\text{Max}} - E'_{\text{Min}}}{E'_{\text{Max}} + E'_{\text{Min}}} \qquad （4.46）$$

式中，E'_{Max} 为像面最大辐照度；E'_{Min} 为像面最小辐照度。

（4）光学积分器匀光作用。

光学积分器对于入射光的匀光作用主要体现在两个方面。一是，光学积分器客观上减小了像方视场。在柯勒照明中，辐照面处是视场光阑的成像面，成像面的辐照均匀度受式（4.44）的限制，在视场较大情况下像面的辐照均匀度较差。而光学积分器则是以前组透镜阵列将视场光阑分成若干个，然后进行叠加成像，这样就相当于减小了视场，提高了像面的辐照均匀度。二是，光学积分器的叠加补偿作用提高了辐照均匀度，如图 4.29 所示。入射光辐照度是一种类高斯分布，经过前组透镜阵列各通道分割后，再经后组透镜阵列和后附加镜叠加成像，其对称通道的辐照度具有对称的不均匀分布，在叠加像面正好可以相互补偿，使辐照面出现一种平顶辐照型，如图 4.29 所示。

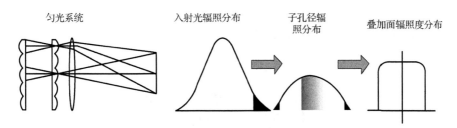

图 4.29　光学积分器匀光原理

4. 光学积分器的组成

光学积分器由前附加镜、场镜、投影镜和后附加镜组成，如图 4.30 为光学积分器的组成与结构示意图。

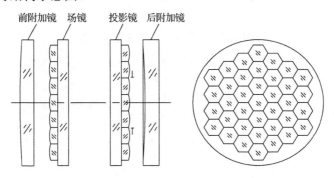

图 4.30　光学积分器的组成与结构示意图

图中，前组透镜阵列为场镜组，位于聚光镜的第二焦面处，场镜组元素透镜将光源像进行分割成像在相对应的后组透镜上，同时起到场镜的作用，减小了光学系统的口径，降低了光能损失。后组透镜阵列为投影镜组，投影镜组元素透镜将场镜组分割的像进行叠加，再通过后附加镜和准直物镜成像到辐照面处，实际上就是一个先微分再积分的过程，如图 4.31 为光学积分器的成像关系图。

在辐照面上所成的像就是多个场镜元素透镜的叠加，而每个场镜元素透镜都是氙灯经聚光镜汇聚后所成高斯辐照分布的一部分，这个高斯分布是呈中心对称的，如图 4.32 所示。光学积分器左通道在被照面上形成的照度分布曲线与右通道被照面上形成得照度分布曲线的斜率符号相反，在叠加时相互补偿提高了辐照均匀度,因此光学积分器起到了匀光作用。

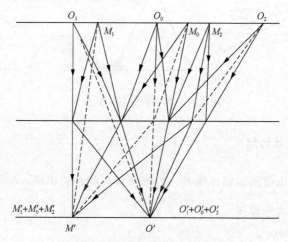

图 4.31   光学积分器的成像关系图

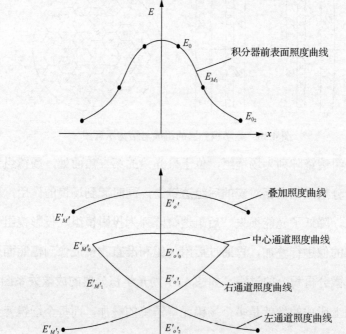

图 4.32   光学积分器照度分布曲线

4.4.2　光学积分器匀光分析

太阳模拟器光学系统是一个能量传输系统，对像差校正没有严格的要求。但是，光学积分器是实现太阳模拟器辐照面高均匀度的关键光学元件，如果光学积分器存在像差则会使辐照均匀度产生误差，所以对光学积分器进行优化设计是十分必要的。

（1）光学积分器像差对辐照均匀度影响。

辐照面边缘带的辐照度较低，这会降低整个辐照面的辐照均匀度。因此，在对光学积分器进行优化设计时，可以增大像面弯曲、畸变和光阑彗差等这些会使边缘带的辐照度提高的像差。但是，需要注意的是场镜元素透镜的光阑慧差和光阑球差也会随着物面畸变的增大而增大，这会导致同一光通道的光线落入相邻光通道，影响辐照面上的辐照均匀度[4]。

光学积分器元素透镜是靠光胶工艺固定在平板玻璃上的，彼此间不存在机械间隔，即使有光线落到场镜元素同光通道中投影镜元素口径外，也不会对辐照面的均匀度产生影响，因为，这些光线实际上落入相邻光通道中投影镜元素透镜口径的边缘，最后投射到均匀辐照面的外围[5]。光学积分器成像原理如图 4.33 所示。

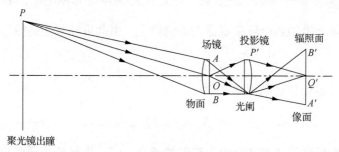

图 4.33　光学积分器成像原理图

（2）投影镜离焦对辐照均匀度影响。

投影镜元素透镜靠近孔径光阑，它的弯曲不影响光阑球差、物面畸变和光阑彗差。但是，由于像差的存在，光学积分器对称光通道内光线的成像高度不一致，这将使辐照面上的成像光线离散很大，会降低辐照面上的辐照均匀度。这时就需要通过投影镜的离焦来改善辐照面上的辐照均匀度[6]。

4.4.3 光学积分器孔径利用率

组合聚光镜汇聚到位于其第二焦面上的光学积分器场镜组通光口径（半径为 R）内的辐射能通量，占其汇聚到第二焦面上的全部辐射能通量的比值称为光学积分器的孔径利用率，用 K_a 表示[7]。

若要计算光学积分器的孔径利用率，首先就要计算出场镜组口径内的辐射能通量。氙灯的能量集中区域是它的阴极斑，阴极斑和组合聚光镜的有关尺寸相比，可以看成一个点光源。组合聚光镜不同环带（对应不同 u 角）对于第一焦面和第二焦面的成像倍率，是 u 角的函数。因此，场镜组上的辐照分布，可以看成是位于组合聚光镜第一焦点处的阴极斑，经组合聚光镜不同环带形成像的叠加，也可以看作位于组合聚光镜第一焦点处，氙灯法向亮度分布网格中的各个基元发光面，经组合聚光镜的各个环带成像在场镜组上，由此可计算场镜组口径内的辐射能通量。

光学积分器的口径利用率 K_a 为

$$K_a = f_{口径} / f_{全部} \qquad (4.47)$$

式中，$f_{口径}$ 为场镜组通光口径内的辐射能通量；$f_{全部}$ 为场镜组通光口径平面的总辐射能通量。

若想求得光学积分器的口径利用率 K_a，就要分别求得 $f_{口径}$ 和 $f_{全部}$。通过分析，氙弧发光特性的法向亮度分布可表示为 $t(u)$，面积 ds 基元的法向亮度为 B_0，则任意 u 角方向上 ds 基元发光面的亮度为

$$B(u) = B_0 t(u) \tag{4.48}$$

以组合聚光镜第一焦点为圆心，以场镜组通光口径的半径 R 除以 M_u 的值（即 R/M_u）为半径，算出所有基元发光面的法向亮度与其面积的乘积，最后对这些结果进行求和计算，便可得到氙灯在 u 角方向上经聚光镜各环带（由 $u_i \sim u_j$ 限定）汇聚到半径为 R 的通光口径内的辐射能通量为

$$\mathrm{d}f_{口径} = 2\pi t(u)\left(\cos u_i - \cos u_j\right)\sum B_0 \mathrm{d}s_{口径} \tag{4.49}$$

场镜组通光口径内接收到的总辐射能通量为

$$f_{口径} = \sum \mathrm{d}f_{口径} \tag{4.50}$$

同理，氙弧在 u 角方向上经聚光镜各环带（由 $u_i \sim u_j$ 限定）汇聚到整个光学积分器场镜组所在表面的辐射能通量如下：

$$\mathrm{d}f_{全部} = 2\pi t(u)\left(\cos u_i - \cos u_j\right)\sum B_0 \mathrm{d}s_{全部} \tag{4.51}$$

所以，场镜组通光口径的所在平面接收的总辐射能通量如下：

$$f_{全部} = \sum \mathrm{d}f_{全部} \tag{4.52}$$

最后，可以求出光学积分器的口径利用率 K_a。

综上所述，光学积分器场镜组表面的辐照度分布 $E(a,z)$、光学积分器的小透镜数目 k 以及光学积分器的像差，决定了氙灯在第二焦面上照度分布经光学积分器的匀光作用后的辐照均匀度 ε。若不计像差的大小，依据高斯光学，经光学积分器后，理想照度分布关系如下：

$$E'(x',z') = \frac{\sum_{i=1}^{k} E(x_i,z_i)}{\beta'^2} \tag{4.53}$$

式中，$E'(x',z')$ 为重叠像面上点 (x',z') 的辐照度；$E(x_i,z_i)$ 为与点 (x',z') 共轭的前组小透镜上的点 (x_i,z_i) 的辐照度；β' 为重叠像的线放大率；k 为通道数目。

由此可计算理想辐照均匀度为

$$\varepsilon = \frac{E'(x',z')}{\overline{E}'} - 1 = \frac{\sum_{i=1}^{k} E(x_i,z_i)}{\overline{E}' \times \beta'^2} - 1 \tag{4.54}$$

式中，$\overline{E}'$ 为重叠像面上辐照度的平均值。

式（4.54）定量地讨论了辐照均匀度、光学积分器通道数目和辐照度分布之间的复杂关系，有助于合理地设计光学积分器。

4.4.4　光学积分器优化分析

1. 光学积分器理想模型

在太阳模拟器的光路中，参与成像的不仅是光源，还有聚光系统的出瞳，同时，光路中的入射光线不是理想平行光线，而是会聚光线，所以对于光学积分器的设计，不仅要进行结构上的优化，还要进行成像优化。

光学积分器的具体设计，先从理想模型开始，图 4.34 为光学积分器成像原理图。假设光源位于有限距离处，经过前附加镜准直后以平行光束入射光学积分器场镜组，并汇聚透镜焦面处形成叠加像，且叠加像面的尺寸为

$$d_{af} = d_{LA1} \frac{f_{AL} \cdot (f_{LA1} + f_{LA2} - d_1)}{f_{LA1} \cdot f_{LA2}} \tag{4.55}$$

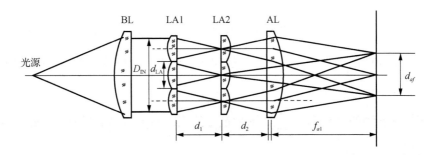

图 4.34　光学积分器成像原理图

为了满足上述成像要求，两透镜阵列的间距应等于第二透镜阵列的焦距。这样，前透镜阵列的各个元素透镜像就会叠加在后附加镜的焦面上。当 $d_1 = f_{LA1} = f_{LA2}$ 时，则式（4.55）简化为

$$d_{af} = d_{LA1} \frac{f_{AL}}{f_{LA2}} \tag{4.56}$$

从式（4.56）中可以看出，在总的通光口径一致的情况下，减小单个小透镜的孔径，即增加元素透镜的数量，可减小叠加区域的面积。

光学积分器的出射发散角为

$$\tan\theta = \frac{1}{2}\left(\frac{D_{IN} - 2d_{LA1} + d_{af}}{f_{AL}} + \frac{f_{LA2} \cdot d_{LA1}}{f_{LA2} \cdot f_{AL}} \right), d_1 = f_{LA1}, d_2 = 0 \tag{4.57}$$

在太阳模拟器的光学系统中，光学积分器作为其中一部分，要做到与整体光路的相对孔径一致，这样才能保证光能的最大利用。设太阳模拟器的相对孔径为 F_N，则光学积分器的元素透镜的相对孔径 F_{LA1} 也应相等，即

$$F_N = F_{LA1} = \frac{d_{LA1}}{f_{LA1}} \tag{4.58}$$

通常，光学积分器的两个透镜阵列的元素透镜孔径与焦距是相同的（$f_{LA} = f_{LA2} = f_{AL}$）。对于扩展光源，光源的像将会经过前透镜阵列，并在后透镜阵列表面成多个像。此时，要保证对应通道所成的光源像尺寸小于后透镜阵列元素

尺寸。当光源像溢出后透镜阵列元素透镜孔径，会在两个元素透镜交界处产生杂散光，造成光能的损失，并且在叠加像面将会产生多余的叠加像，这些叠加将影响辐照面的均匀度。

若扩展光源的直径为 D_{source}，附加镜 I 的焦距为 f_{BL}，则光源像在后透镜阵列表面的尺寸 D_{image} 为

$$D_{image} = D_{source} \frac{f_{LA1}}{f_{BL}} \leqslant d_{LA2}, \text{ 如果 } d_1 = f_{LA1} = f_{LA2} \qquad (4.59)$$

由式（4.59）可知，扩展光源的像要小于后透镜阵列元素透镜孔径，在太阳模拟器光学系统中，描述的是聚光系统的出瞳尺寸，不是光源尺寸，即聚光系统出瞳像要小于元素透镜尺寸。如式（4.60）透镜阵列的元素透镜个数 N 由光束孔径及元素透镜的孔径决定[8]：

$$N = \frac{D_{IN}}{d_{LA1}} \qquad (4.60)$$

2. 光学积分器结构优化

太阳模拟器的聚光系统出瞳像一定要小于元素透镜孔径，主要是由于聚光系统出瞳太大，会造成第二透镜阵列在理论位置时出现光线溢出，溢出的光线会造成大量的杂散光[9]，在叠加像面也会产生残缺像，影响像面的辐照均匀度，这也是后透镜阵列适当离焦会提高像面辐照均匀度的原理。所以，要对透镜阵列的间距和元素透镜的焦距进行优化。

除中心元素透镜外，其他元素透镜孔径通过的光线都是轴外光线，这样如果入射光线为会聚光线，则像差就会影响叠加像面的辐照均匀度。像差的影响主要分两类：一类是轴上点像差，影响各通道叠加像的像面位置与理论像面产生误差；

另一类是轴外点像差，使各通道所成的像产生变形，则叠加像面也会产生形状误差。这两种误差都会影响叠加像面的辐照均匀度。所以，需要将后透镜阵列元素透镜与后附加镜组合进行像差校正，并将后附加镜采用非球面设计，图 4.35 为后附加镜的优化图[10]。

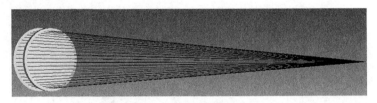

图 4.35　后附加镜的优化图

采用 Zemax 的序列与非序列功能结合的方式对光学积分器的结构参数进行优化，分为两步进行：一是单独将后附加镜添加非球面进行优化，如图 4.35 所示，消除球差过大对光学积分器叠加像面的影响；二是采用多重组态方式，光学积分器场镜组元素透镜作为物方，将投影镜组对应透镜、后附加镜和准直物镜作为整体进行优化，如图 4.36 所示。采用 3 个组态就可以达到整体优化的目的。

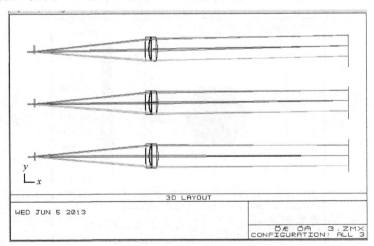

图 4.36　光学积分器的多重组态优化

从成像关系的角度采用光学积分器序列优化，不仅避免了非序列光线追迹效率低、时间长的缺点。将优化完成的光学系统再使用 Zemax 非序列功能建立光学积分器模型，通过光线追迹得到如图 4.37 所示的光学积分器优化前后叠加像面辐照图。从图中可以看出，优化后元素透镜的叠加效果更好，大大提高了辐照面的均匀度。

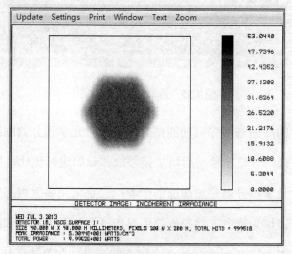

（a）优化前透镜优化前叠加像面辐照图

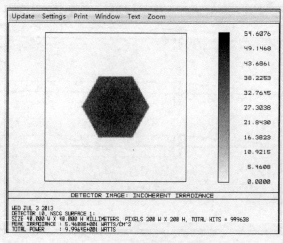

（b）优化后元素透镜叠加像面辐照图

图 4.37　光学积分器优化前后叠加像面辐照图

3. 光学积分器参数设计

平凸透镜选择根据透镜的焦点计算得出，则透镜的焦距：

$$\begin{cases} f_1' = \dfrac{nr_1}{n-1} \\[2mm] f_1 = -\dfrac{r_1}{n-1} \\[2mm] f_2' = -\dfrac{r_2}{n-1} \\[2mm] f_2 = \dfrac{nr_2}{n-1} \end{cases} \quad (4.61)$$

式中，f 是物方焦距；f' 为像方焦距；r_1、r_2 为透镜左右两边的半径，d 为厚度；n 为透镜的折射率。

透镜主点的位置有

$$\begin{cases} l_H' = \dfrac{-dr_2}{n(r_2 - r_1) + (n-1)d} \\[3mm] l_H = \dfrac{-dr_1}{n(r_2 - r_1) + (n-1)d} \end{cases} \quad (4.62)$$

将式（4.61）代入式（4.62），简化得

$$\begin{cases} l_H' = -f'\dfrac{d}{f_1'} \\[3mm] l_H = -f'\dfrac{d}{f_2} \end{cases} \quad (4.63)$$

焦点位置由式（4.64）确定：

$$\begin{cases} l_F' = l_H' + f' = f'\left(1 - \dfrac{n-1}{nr_1}d\right) \\[3mm] l_F = l_H + f = -f'\left(1 + \dfrac{n-1}{nr_2}d\right) \end{cases} \quad (4.64)$$

由于是平凸透镜，所以 $r_2 = \infty$ ，上面主点面公式与焦点的位置公式可简化为

$$\begin{cases} l'_H = \dfrac{-dr_2}{n(r_2 - r_1) + (n-1)d} = -\dfrac{d}{n} \\[3mm] l_H = \dfrac{-dr_1}{n(r_2 - r_1) + (n-1)d} = 0 \end{cases} \tag{4.65}$$

焦点位置由式（4.66）可得

$$\begin{cases} l'_F = l'_H + f' = f'\left(1 - \dfrac{n-1}{nr_1}d\right) = \dfrac{f'_1}{n} \cdot \left(1 - \dfrac{d}{f'_1}\right) = \dfrac{r_1}{n-1} - \dfrac{d}{n} \\[3mm] l_F = l_H + f = -f'\left(1 + \dfrac{n-1}{nr_2}d\right) = \dfrac{-f'_1}{n} = \dfrac{-r_1}{n-1} \end{cases} \tag{4.66}$$

式中，元素透镜的厚度为 d ，光胶板厚度为 d_1 ，光学积分器场镜像方主面与投影镜物方主面的间隔为场镜的像方焦距 f' ，透镜间隔由式（4.67）可得

$$L = f' - \frac{2(d + d_1)}{n} \tag{4.67}$$

4.5　准直光学系统设计

4.5.1　结构选择

太阳模拟器准直光学系统的作用是产生平行光辐射，并保证沿光轴方向在一定深度内的辐照均匀度。视场光阑口径与准直光学系统的焦距之比决定了太阳模拟器的光线准直度，物镜的口径决定了太阳模拟器的辐照面积。

考虑太阳模拟器准直光学系统口径大以及视场角小的要求，准直光学系统选用双分离结构形式。优点是可较好地校正球差、色差和正弦差等某些像差，改善输出光束的准直性和辐照均匀度。同时，视场光阑应位于光学积分器出瞳附近的

位置（准直光学系统焦面处），可在准直光学系统全口径上得到满意的准直精度。

4.5.2　参数设计与像差分析

太阳模拟器光学系统是一种能量传递系统，主要考虑的是系统的能量利用率和辐照面上的辐照均匀度，对像差的校正没有严格的要求。但是为了实现较小的张角，就要对准直物镜中色球差、彗差和轴向色差等影响准直精度的像差很好地进行校正。

以辐照面光束有效直径 $\phi300$mm 的某型太阳模拟器为例，为了得到较高的辐照均匀度，选取准直物镜的通光口径为 $\phi320$mm，以保证辐照面的有效口径为 $\phi300$mm，且出射光束具有良好的辐照均匀度。

根据辐照面大小和系统的相对孔径，确定准直光学系统的焦距为 $f_3' = 1281.51$mm。根据准直光学系统的使用要求对其进行优化设计，透镜材料选用高透过率的光学玻璃，分别为 K9（物镜 1）和 ZF1（物镜 2）。准直光学系统的二维光学结构如图 4.38 所示，光学参数如表 4.3 所示。

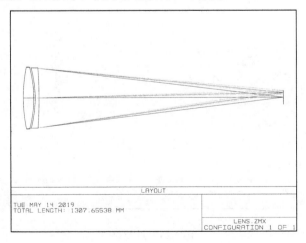

图 4.38　准直光学系统的二维光学结构

表 4.3　准直光学系统的光学参数

镜头名称	半径/mm	间隔/mm	材料	外径/mm
物镜 1	735.801	53	H-K9L	300
	−552.757	7	—	300
物镜 2	−543.182	20	ZF1	300

选取半径与间隔作为优化设计的变量，可以很好地校正这些像差，改善输出光束的准直性误差，图 4.39、图 4.40、图 4.41 依次给出了准直物镜的点列图、球差和轴向色差曲线图、像差曲线图。

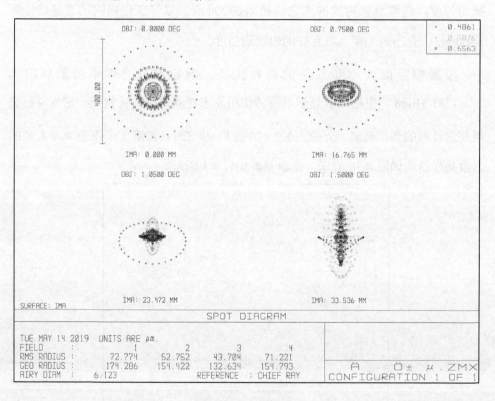

图 4.39　点列图

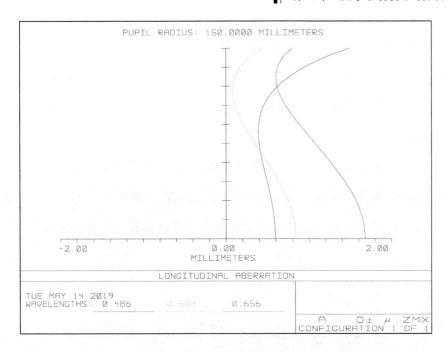

图 4.40　球差和轴向色差曲线图

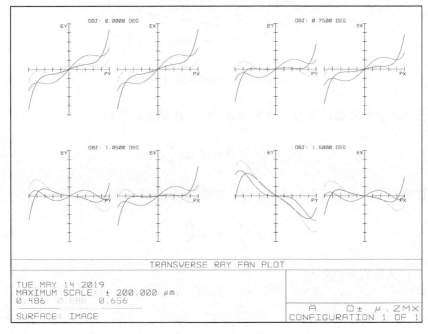

图 4.41　像差曲线图

由图 4.39 可知，优化后像面的弥散斑不大，各视场相差很小；由图 4.40 和图 4.41 可知，对中心波长进行了球差校正，在 0.707 视场进行了消色差的处理，虽然存在一定的二级光谱，但是并不大；由图 4.41 可知，对轴外像差进行了校正，彗差很小。

考虑到太阳模拟器对光束张角有严格的要求，而且张角比较小，通过在准直光学系统的焦面上放置视场光阑来实现。几何关系如图 4.42 所示，由此可通过式（4.34）和式（4.35）计算出准直系统最大口径 D' 和视场光阑直径 d。

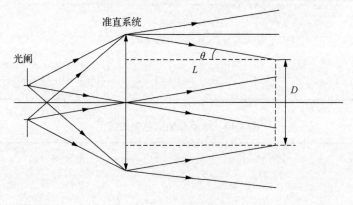

图 4.42　光阑位置图

已知有效辐照面口径 D、准直角 θ、辐照距离 L，可得

$$D' \geqslant D + 2L \tan \frac{\theta}{2} \tag{4.68}$$

视场光阑位于准直系统的焦面处，由图 4.42 分析可得

$$\frac{d}{2f'} = \tan \frac{\theta}{2} \tag{4.69}$$

式中，f' 为准直物镜焦距。

4.6　光学系统能量传递分析

太阳模拟器光学系统作为一种照明系统，光能利用率是评价系统性能优劣的标准，如何提高光能利用率是照明系统的关键问题。

为评价太阳模拟器光学系统的整体性能，基于非成像光学的光学扩展量概念，在运用光瞳衔接原理的基础上，根据拉赫不变量对整个系统传递的能量信息进行分析，从照明系统、聚光系统和光学积分器到准直光学系统进行光学匹配，并从拉赫不变量的角度分析了能量在整个系统中的传递情况，得出聚光系统、光学积分器和准直光学系统这三者相对孔径相互之间存在的最佳匹配关系，来完成照明系统和准直光学系统的匹配，并用拉赫不变量来验证了整个系统从物面到像面的守恒规律，进而发现系统的能量利用率得到了提高。

4.6.1　小型准直式太阳模拟器的整体系统

以某小型准直式太阳模拟器的光学系统组成及其设计结果为例，小型准直式太阳模拟器光学系统整体结构参数如表 4.4 所示。

表 4.4　小型准直式太阳模拟器光学系统整体结构参数

序号	名称	半径/mm	间隔/mm	材料	外径/mm
1	椭球聚光镜	—	20	—	—
2	光源	—	495.5	—	—
3	附加镜 I	120.80	4	JGS3	28.00
		∞	3	—	28.00

序号	名称	半径/mm	间隔/mm	材料	外径/mm
4	场镜元素透镜	13.57	3	JGS3	7.45
		∞	4	JGS3	7.45
5	平板玻璃	∞	19.227	—	28.00
		∞	4	JGS3	28.00
6	投影镜元素镜	∞	3	JGS3	7.45
		−13.57	3	—	7.45
7	附加镜Ⅱ	−260.00	4	JGS3	28.00
		∞	1	—	28.00
8	视场光阑	∞	288.58	—	16.8
9	光学滤光片	∞	4	K9	80
		∞	5	—	80
10	准直物镜Ⅰ	451.50	9	ZF1	80
		125.48	3.5		80
11	准直物镜Ⅱ	130.37	18	K9	80
		−182.63	500.00	—	80

4.6.2 物像共轭面能量传递分析

太阳模拟器的光学系统属于非成像光学的范畴，像差理论和成像质量不再是评价其系统性能好坏的标准，而光能利用率则是其主要评价标准。

在非成像光学理论中的一个重要概念是光学扩展量，此量也是非成像光学的核心内容，在具体同性非导体介质下的时谐场下，可表示为

$$U_e = \int du = \iiint n^2 \mathrm{d}x\mathrm{d}y\mathrm{d}L\mathrm{d}M \qquad (4.70)$$

式中，n 为折射率；x,y 为位置参数；L,M 为光线的方向余弦；(x,y,L,M) 为构成的四维相空间。

根据定义可知：在不考虑反射、折射、散射等能量损失的情况下，理想光学系统的光学扩展量保持不变，实际上也是系统能量守恒定律的一种表现形式。光学扩展量守恒是一个普遍规律，不管折射率的辐照均匀度或者系统的对称性，它都适用。在旁轴近似旋转对称的光学系统中，一对共轭面内的光学扩展量与拉赫不变量（Lagrange invariant）有关，在二维结构光学系统中，拉赫不变量是光学扩展量的一个特殊的表现形式，假设二维结构中 $x=0$，$M=0$，则得

$$E = \iint n\mathrm{d}y\mathrm{d}L = ny\sin\theta \tag{4.71}$$

$$ny\sin\theta = n'y'\sin\theta' \tag{4.72}$$

$$J = nuy = n'u'y' \tag{4.73}$$

式中，n 为物方折射率；n' 为像方折射率；y 为物高；y' 为像高；θ 为物方视场角；θ' 为像方视场角。

拉赫不变量表明，同轴光学系统中，实际光学系统在近轴区成像时，在物像共轭面内，物体大小 y、成像光束的孔径角 u 和物体所在介质的折射率 n 的乘积为常数。

根据对某小型太阳模拟器光学系统整体结构分析可知其有两对物像共轭面，在运用拉赫不变量的基础上，分别对其进行能量传递分析。

1. 第一对物像共轭面能量传递分析

椭球聚光镜的出瞳位于附加镜 I 的焦面处，通过光学积分器的成像作用，将在准直光学系统的焦面上得到出瞳像，即准直光学系统的视场光阑处，由此成像

关系可知：椭球聚光镜的出瞳和视场光阑是一对共轭面，即为第一对物像共轭面，如图 4.43 所示。

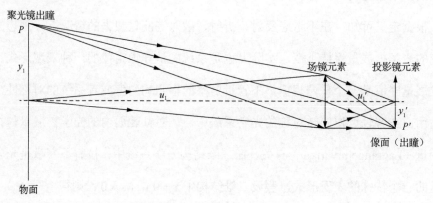

图 4.43　第一对共轭面光路图

取光学积分器中心通道进行分析，从而在第一对共轭面内，拉赫不变量表示为

$$J_1 = n_1 u_1 y_1 = n_1' u_1' y_1' \qquad (4.74)$$

式中，u_1 为物方孔径角，即场镜组中心小透镜对椭球聚光镜出瞳的半张角；u_1' 为像方孔径角，即场镜组中心小透镜对投影镜组对应通道的半张角；y_1 为椭球镜出瞳的半口径；y_1' 为投影镜组小透镜的半有效通光口径；物、像两方均处在空气中，$n_1 = n_1' = 1$。

2. 第二对物像共轭面能量传递分析

光学积分器场镜组位于椭球聚光镜的第二焦点处，椭球聚光镜将位于第一焦点处的氙灯发出的氙弧反射并会聚到第二焦点，即氙弧经光学积分器和准直光学系统成像在最佳辐照面处，可知氙弧和最佳辐照面是一对共轭面，即为第二对物像共轭面，如图 4.44 所示。

对光学积分器中心通道进行分析，其拉赫不变量表示为

$$J_2 = n_2 u_2 y_2 = n_2' u_2' y_2' \tag{4.75}$$

式中，u_2 为物方孔径角，即投影镜组中心小透镜对场镜组对应通道的半张角；u_2' 为像方孔径角，即准直物镜对最佳辐照面的半张角；y_2 为场镜组小透镜的半有效通光口径；y_2' 为最佳辐照面的半口径；物、像两方均处在空气中，$n_2 = n_2' = 1$。

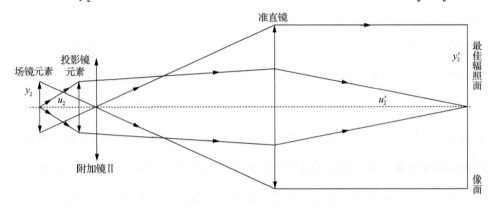

图 4.44　第二对共轭面光路图

光学积分器中每组透镜中小透镜的排列方式、个数，以及小透镜的相对孔径和焦距都相等，即有 $y_1' = y_2$，$u_1' = u_2$，所以 $J_1 = J_2$。因此，在不考虑反射、折射和吸收损失的前提下，氙灯出射的光经椭球聚光镜反射并汇聚，完全入射到光学积分器，并且从场镜组中每个小透镜到投影镜组对应的小透镜的能量保持不变，即保证了照明系统的拉赫不变量前后一致性，并将能量传递到后继的准直光学系统。

光学积分器中每个光学通道都有各自的光轴，且均与整个光学系统的光轴平行。经椭球聚光镜会聚的光线经过附加镜Ⅰ近似平行的入射到场镜组各个小透镜，所以每个小透镜传递的能量是一样的，有相等的拉赫不变量，即每个小透镜的拉赫不变量公式为

$$J = n_1'u_1'y_1' \qquad (4.76)$$

式中，$n_1' = 1$，$u_1' = D_0/2f_0'$，$y_1' = D_0/2$。其中，D_0/f_0' 为小透镜的相对孔径；D_0 为小透镜的有效通光口径；f_0' 为小透镜的有效焦距。

太阳模拟器光学系统整体可以分为两个大系统，即照明系统和投影成像系统，照明系统由氙灯、椭球聚光镜和光学积分器组成，投影成像系统包括准直光学系统即两块准直物镜。这两个系统满足这样一个原则：前一个系统的出瞳和后一个系统的入瞳要相衔接，即光瞳衔接原理，这样前一个系统的光能便能完全地进入后一个系统，便有前一个系统的相对孔径和后一个系统的相对孔径相等。

照明系统也可以看作一个小的整体系统，椭球聚光镜和光学积分器作为其关键的光学元件，每个光学通道的相对孔径也满足光瞳衔接原理，即有椭球聚光镜和光学积分器每个光学通道的相对孔径相等，并且等于整体系统的相对孔径。

总之，椭球聚光镜、光学积分器和准直物镜这三者的相对孔径存在着最佳匹配关系，即三者相互之间的相对孔径相等。

4.6.3 太阳模拟器整体系统的拉赫不变量分析

在整体系统满足光瞳衔接原理的前提下，结合某小型太阳模拟器的光学系统设计结果，利用以上公式来体现拉赫不变量在太阳模拟器整个光学系统中的传递情况。

选用双分离透镜组成准直光学系统，且准直光学系统的相对孔径 D/f' =1/4，若透镜的有效通光口径 D =80mm，则可知焦距 f' =320mm，张角 θ_0 =±1.5°，由公式可求得视场光阑的大小 d =16.8mm。

根据光瞳衔接原理可知：光学积分器场镜组（投影镜组）每个小透镜的相对孔径为 1/4，选取光学积分器口径为 17.2mm，基板的直径为 28mm，附加镜 II 的直径为 28mm,具体的设计参数如表 4.5 所示。取光学积分器光学通道数为 7,并得出小透镜内切圆直径为 7.45mm,即为有效通光口径,由式(4.76)可求得,每个小透镜的拉赫不变量为 J_0 =0.46。

表 4.5 附加镜 II 和准直物镜的具体参数

名称	表面	曲率	厚度/mm	玻璃	直径/mm
附加镜 II	1	−260	4	JGS3	28
	2	∞	298.582	—	28
准直物镜	3	451.503	9	ZF1	80
	4	125.476	3.5	—	80
	5	130.370	11.5	K9	80
	6	−182.629	500.013	—	80

用 Zemax 光学设计软件分别设计出准直光学系统和附加镜 II 后,可得出准直光学系统的物方主平面 l_H =13.663mm,像方主平面 l'_H =7.569mm;还可得出附加镜 II 的物方主平面 l_{HII} =0,像方主平面 l'_{HII} =−2.743mm。

从光学积分器投影镜组每个通道的小透镜出射的光束,将平行的入射到附加镜 II 上,即每个通道光线的投射高度为小透镜的内切圆直径,即 $2h$ =7.45mm,且有

$$h = f'_{II} \cdot u_2 \tag{4.77}$$

式中, f'_{II} 为附加镜 II 的焦距, f'_{II} =−567.111mm; u_2 为物方孔径角。

光束经附加镜 II 后投射到准直光学系统上,经过准直光学系统后将成像会聚到最佳辐照面的中心点 O 处,把附加镜 II 和准直光学系统分别看作两个光组,根据物像共轭关系,附加镜 II 和准直光学系统的成像关系如图 4.45 所示。

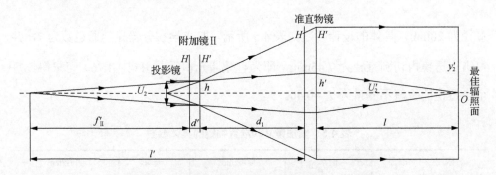

图 4.45　附加镜 II 和准直光学系统的成像关系图

由图 4.45 可得

$$\frac{h}{h'} = \frac{f'_{II} + d'}{l'} \tag{4.78}$$

式中，h=3.72mm；f'_{II}=-567.111mm；d'=4+l'_{HII}=4-2.743=1.257；d_1=-l'_{HII}+298.582+ l_H=314.988mm；l'=-f'_{II}+d'+d_1=883.356mm；代入式（4.78）可得 h'=5.788mm；u'_2=h'/l，l=500.013mm，得 $u'_2 \approx 0.0116$；则拉赫不变量 $J = n'_2 u'_2 y'_2$=1×0.0116× 40=0.464。

当光学积分器中心通道的小透镜经附加镜 II 和准直光学系统的共同作用成像在最佳辐照面处，J 即为准直光学系统所传递的能量信息。

选取椭球聚光镜的第一焦点 f_1=20mm，放大倍率为 M_0=25，根据公式可求得第二焦点即 f_2=500mm，椭球聚光镜顶点开口直径为 ϕ16.54mm，椭球聚光镜出瞳直径为 ϕ114mm，包容角为 89.75°，椭球聚光镜的深度为 H=46.37mm，椭球聚光镜的相对孔径为 1/4，等于光学积分器的相对孔径，实现了椭球聚光镜和光学积分器的光瞳衔接，这样光源发出的光能量将完全充满光学积分器通光口径。

由上述数据分析可知，光学积分器中心通道小透镜的拉赫不变量 J_0=0.46，与准直光学系统的拉赫不变量 J=0.46 相等，即照明系统和准直光学系统的拉赫不变量相等，且相对孔径也相等，满足了光瞳衔接原理，两者还满足成像关系。这样，照明系统提供的光能便能全部充满准直光学系统，并且可在最佳辐照面上得到一定大小的光斑。

辐照度是太阳模拟器重要技术指标之一，因此如何充分利用光源发出的能量是关键性问题。在完成整个系统各个光学元件之间的最佳光学匹配关系，即椭球聚光镜、光学积分器和准直光学系统三者相互之间的相对孔径相等的前提下，从非成像光学系统的角度，基于二维情况下的光学扩展量，即拉赫不变量，分析了椭球聚光镜和光学积分器的拉赫不变量和准直物镜所传递的拉赫不变量相等，完成了从照明系统到投影成像系统能量信息传递分析，进一步提高了能量利用率，光源发出的光能得到了充分的利用，最终到达辐照面处，得到一定的辐照度。

4.7　转向平面反射镜的设计

在光学系统中加入转向平面反射镜，可缩短太阳模拟器光学系统的轴向尺寸，达到合理布局。转向平面反射镜采用铝合金材料，表面镀铝（Al）反射膜（反射率≥85%）和二氧化硅（SiO$_2$）保护膜。

转向平面反射镜的外形尺寸应由反射镜上光束截面的尺寸确定，在平行光束中反射镜上的光束截面是一个椭圆形，在会聚或发散光路中，反射镜上的光束截面仍然是一个椭圆形，如图 4.46 所示。椭圆的长轴 $2a=a_1+a_2$ 可由正弦定理求出，即

$$a_1 = L\cos\beta \tag{4.79}$$

$$a_2 = \frac{L\sin u}{\sin(\beta+u)} \tag{4.80}$$

式中，u 为发散光束与光轴的夹角的一半；β 为转向平面反射镜与光轴的夹角；L

为光轴与转向平面反射镜的交点到光束顶点的距离。

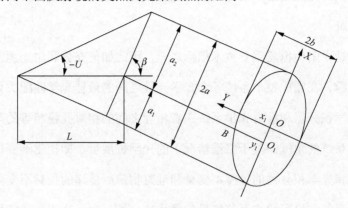

图 4.46   反射镜上的光束截图

从图 4.46 中可以看到，转向平面反射镜与光轴相交的位置 O_1 不是椭圆的中心 O。以椭圆中心为原点建立直角坐标系，长轴与 x 轴重合，可求出椭圆上点 B 的坐标为

$$\begin{cases} x_1 = OO_1 = a - a_1 = a - L\cos\beta \\ y_1 = L\tan u \end{cases} \tag{4.81}$$

将 B 点坐标代入，得

$$\frac{x_1^2}{a^2} + \frac{y_1^2}{b^2} = 1 \tag{4.82}$$

由式（4.83）得出短轴为

$$2b = \frac{2ay_1}{\sqrt{a^2 - x_1^2}} \tag{4.83}$$

将式（4.81）代入式（4.83），整理后得

$$2b = \frac{2aL\tan u}{\sqrt{2aL\cos\beta - L^2\cos\beta^2}} \tag{4.84}$$

由式（4.79）和式（4.80）可以看出，转向平面反射镜的长度 $2a$ 和 β 角有关，

β 角越小长度越长，考虑到安装和调整，转向平面反射镜的实际尺寸应比计算尺寸大 20～30mm。

转向平面反射镜的位置是在聚光系统和光学积分器之间与光轴成 45° 夹角，处在会聚光线的光路中。

4.8　仿真分析方法

以某大型太阳模拟器为例,利用 Light Tools 软件完成对各个光学元件的建模，并对整个光学系统进行仿真分析，同时对氙灯和光学积分器进行离焦分析，观察辐照均匀度的变化，找到最佳工作位置，可以对太阳模拟器的装调起到指导作用。

4.8.1　Light Tools 软件简介

Light Tools 是美国 Optical Research Associates 研发的一种广泛应用于非成像光学系统设计、仿真、优化和分析的光学软件。其可以通过内置的三维 CAD 建模功能结合设置的反射、折射、散射、偏振及薄膜等相关光学参数，实现对光学系统进行精确的光线追迹、色度学计算分析，以及结构相关的优化设计。Light Tools 采用目前非成像光学领域最常用有效的蒙特卡罗追迹分析法，通过解析到达光学接收器上的光线数量来输出相关的分析图表，具有良好的操作界面和可视界面，能与三维建模软件 Solid Works 进行无缝对接使用，提高了复杂光学模型建立的难度。

4.8.2　光学系统仿真

利用光学软件 Light Tools 对太阳模拟器进行总体建模，使用蒙特卡罗追迹分析法对某型太阳模拟器进行仿真优化，仿真模型如图 4.47 所示，系统模型分别在光学积分器场镜组前表面和辐照面设置光学接收器，工作距离为 1450mm，各接收器进行 21×21 网格划分，追迹光线 1000 万条[11]。

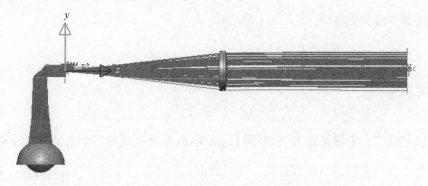

图 4.47 太阳模拟器光学系统仿真

辐照面接受样本数 1203756，误差峰值 1.55%，φ300mm 口径内最高辐照度 2583.99W/m²，最小辐照度 2380.67W/m²。辐照均匀度如图 4.48 和图 4.49 所示，具体的结果如表 4.6 所示。

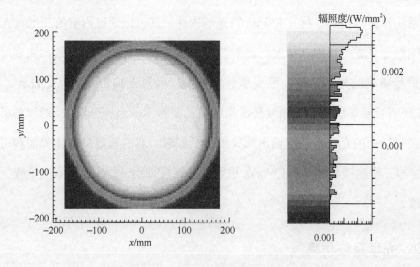

图 4.48 工作面辐照分布光栅图

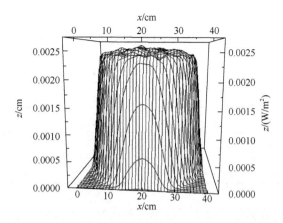

图 4.49　工作面辐照度分布三维图

表 4.6　辐照度仿真结果

指标	仿真结果			
直径/mm	$\phi100$	$\phi200$	$\phi260$	$\phi300$
最大值/(W/m^2)	2583.99	2583.99	2583.99	2583.99
最小值/(W/m^2)	2552	2487	2464	2380.67
不均匀度/%	0.62%	1.9%	2.38%	4.1%

4.8.3　辐照均匀度影响因素的仿真分析

1. 氙灯位置误差对能量以及均匀度的影响

在理论设计的过程中,为了简化计算,通常将氙灯的发光区域当作理想点光源,但实际上,氙灯灯弧具有一定大小,而且氙灯发光区域也不是均匀的,所以改变氙灯灯弧在聚光系统焦点的位置就会影响辐照面的能量以及辐照均匀度。如表 4.7 所示,选取其中若干个位置进行灯弧离焦分析,可以看出能量最大与辐照均匀度最优时的离焦量并不相同,故需根据实际要求考虑灯弧的位置。

表 4.7 灯弧移动对能量与辐照均匀度的影响

	灯弧离焦量/mm						
	-2	-1.5	-1	0	1	1.5	2
最大值/(W/m²)	23	71.66	160.17	254	146.1	66.5	30.6
最小值/(W/m²)	26.17	64.05	148.98	235	118.7	53.49	22
平均值/(W/m²)	6.4%	5.6%	3.6%	3.77%	10.3%	12%	22.8%

　　另外，光学积分器位于聚光系统第二焦点时，适当的离焦也会对能量和辐照均匀度产生影响。由表 4.8 可以看出，光学积分器向氙灯方向离焦可以提高辐照均匀度，但由于光能大量溢出光学积分器口径外，造成了大量的能量损失，必将限制离焦量的选择，其对应的折线图，如图 4.50 所示。

表 4.8 积分器位置误差对辐照均匀度的影响

	灯弧离焦量/mm						
	-2	-1	0	1	2	3	4
最大值/(W/m²)	224.76	238.6	254.3	278.24	283.8	299.8	309
最小值/(W/m²)	213.5	226.9	235.6	246.58	256	239	175
平均值/(W/m²)	2.5%	2.5%	3.77%	6.22%	5.15%	11.1%	27.6%

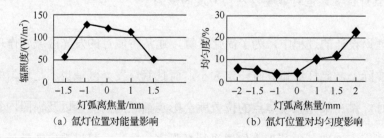

（a）氙灯位置对能量影响　　（b）氙灯位置对均匀度影响

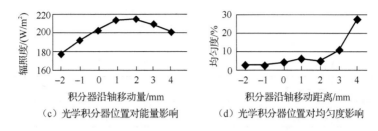

（c）光学积分器位置对能量影响　　（d）光学积分器位置对均匀度影响

图 4.50　氙灯与光学积分器的位置影响示意图

2. 光学积分器元素透镜光轴一致性对辐照均匀度的影响

光学积分器对辐照均匀度的影响，在于后附加镜焦面处各元素透镜像叠加的影响，即焦面处各元素透镜的像叠加位置严格，则可达到能量最大利用以及辐照均匀度的最大补偿，而导致叠加像的叠加位置误差的原因，主要是光学积分器各组成部分对应光轴产生的误差，故首先建立如图 4.51 所示的光学积分器理想成像模型。

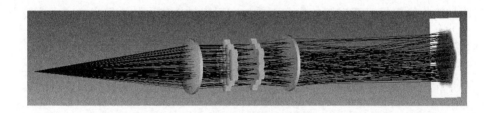

图 4.51　光学积分器理想成像模型

通过光路追迹和模型仿真，从成像关系的角度分析和讨论光学积分器对辐照均匀度产生影响的原因。模型利用光学软件 Zemax 非序列功能建立，光学积分器场镜组和投影镜组都采用 19 通道正六边形的元素透镜，模型按照右手坐标系建立，z 轴为光轴方向。具体参数如表 4.9 所示。

表 4.9　积分器理想成像模型参数

技术指标	指标参数
前附加镜焦距	214mm
场镜、投影镜通道数	19
元素透镜焦距	9.52mm
口径	26.1mm
后附加镜焦距	50mm
叠加面尺寸	40mm×40mm

（1）对应元素透镜沿 x 轴或 y 轴相对移动对辐照均匀度的影响。

理论上，在太阳模拟器的工作面上将形成正六边形的均匀亮斑。当光学积分器的场镜组和投影镜组在 x 轴或 y 轴上产生相对移动时，对应的元素透镜光轴发生偏移。

理想情况下，场镜组的透镜将对应通过投影镜组成像于无穷远处，然后通过后附加镜将场镜组元素透镜的像分别叠加在后附加镜焦面处。但当对应小透镜光轴移动时，如图 4.52 所示。

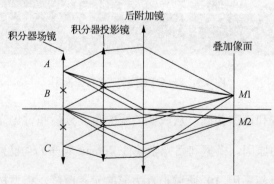

图 4.52　光轴沿 y 轴错动时示意图

场镜组元素透镜的像将不能完全通过对应元素透镜，而有一部分将通过相邻的元素透镜，这样就将场镜组一个元素透镜的像分割成两部分，而整个光学积分器所有元素透镜在太阳模拟器的辐照面处的理想叠加情况为一个正六边形，而移动后变成多个不完整的六边形，从图 4.53 所示的辐照图中可以看出，辐照面处不仅辐照均匀度变差，能量也有所降低。这主要是由两个原因造成的：一是两透镜组产生移动后，边缘光线不能完全进入光学系统，而是一部分被拦掉；二是元素透镜间的交界处会产生大量散射光线，产生杂散光，这些杂散光不仅影响能量还影响辐照均匀度。

图 4.53　积分器投影镜组沿 y 轴错动时的仿真结果

（2）投影镜组沿 z 轴移动时对辐照均匀度的影响。

当投影镜组在 z 轴方向产生一定位移时，即离焦，也会影响光学积分器的匀光效果。光学积分器自身存在影响辐照均匀度的成像缺陷，不论是两个镜组的元素透镜还是附加镜都无法校正像差，并且有时为了缩短轴向光学系统尺寸，还要增加光学积分器的相对孔径，增大了像差对光学积分器匀光效果的影响。这些像差的累积就导致各个通道的像在后附加镜像面处高度出现明显差异，使各个通道像不能严格叠加，虽然在中心位置没有太明显的现象，但会致使叠加像面边缘模糊。

实际装调测试经验表明：适度离焦是降低像差对光学积分器辐照均匀度影响的有效方法。当光学积分器投影镜组位于最佳离焦位置时，利用投影镜组的离焦补偿了较大的轴外球差引起的成像光线离散。当轴外光线离散与中心通道一致时，将会对辐照面的匀光性最为有利，所以恰当的离焦会提高辐照均匀度。

（3）投影镜组绕 x 轴或 y 轴转动时对辐照均匀度的影响。

由于投影镜是以 z 轴对称分布的，因此绕 x 轴和 y 轴转动时产生的结果相同，故以绕 x 轴转动为例，研究转动的影响。当光学积分器的场镜组和投影镜组发生相对倾斜时，场镜组透镜已经离开投影镜组的焦面，如图 4.54 追迹光路所示，投影镜组是以 x 轴为中心旋转一定角度后的单通道成像光路。

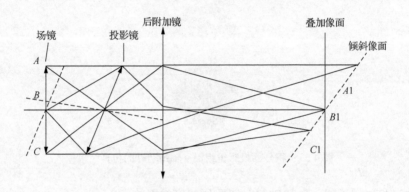

图 4.54　投影镜组绕 x 轴转动光路示意图

从图 4.54 中可以看出，由于投影镜组产生倾斜误差，使场镜组元素透镜已经不在其焦面上，所以经投影镜出射的光线不再是平行光线，故场镜组元素透镜所成的像也不在理想像面上，导致叠加像面也发生一定倾斜。另外，由于投影镜组光轴的倾斜，使场镜组的中心也不再在投影镜组的光轴上，也就是物方不对称，从而引起像的不对称，使像面中心发生了偏移，在理想叠加像面上的像为实际叠加像的投影，故像面一定程度上变小，从而使像面边缘产生能量弥散，投影镜组绕 x 轴转一定角度后的叠加像面如图 4.55 所示。

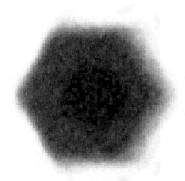

图 4.55　影镜组绕 x 轴转一定角度后的像面效果

从图 4.55 中可以看出，在倾斜的像面上边缘光线能量弥散严重，辐照均匀度明显下降。在实际的太阳模拟器光路中，这样的倾斜则主要表现在能量中心偏移，从而导致整个辐照面的辐照均匀度下降。

（4）两镜组绕 z 轴发生相对转动时对辐照均匀度的影响。

当两透镜组沿 z 轴有一定转角时，中心元素透镜光轴仍保持一致，但是外圈元素透镜开始出现光轴偏差，并且越往外圈光轴偏差越大，导致不同圈数的元素透镜的叠加像也发生偏转，即各个叠加像不再完好地重叠，而是分散出多个成不同角度的六边形像，且不同圈数的元素透镜像偏转的角度不同，致使中心能量相对较为集中，而边缘能量损失较大，所以像面处中心能量大于边缘能量，如图 4.56 所示，外圈六边形偏转较大，内圈六边形偏转角小，导致内部能量较大，而外圈能量较为分散。

在实际的太阳模拟器光路中，这种成像叠加的不完善直接体现为能量的分布不均匀，即中心辐照度较高，从中心往边缘辐照度变得越来越低，且越离开中心辐照度降低越明显。

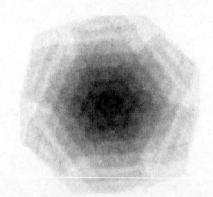

图 4.56　投影镜组绕 z 轴转动 5° 的仿真结果

（5）附加镜的光轴偏差对光学辐照均匀度的影响。

从光学积分器成像关系角度来看，前附加镜主要在光学积分器第一个成像关系中起作用，即前附加镜的作用是将聚光镜出瞳成像于无穷远处。而此过程主要针对的是光学积分器的能量传递，所以此时前附加镜只对能量产生影响，对辐照均匀度的影响不大。不论是前附加镜与场镜组中心透镜的光轴产生平行的位置误差，还是倾斜误差，影响的都只是能量，而对光学积分器辐照均匀度的成像叠加没有太大影响。如图 4.57 所示为光学积分器前附加镜绕 y 轴转动 5° 时的结果，其结果与图 4.58 所示的光学积分器辐照模拟曲线相差不大。

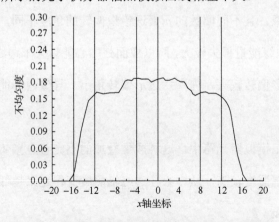

图 4.57　光学积分器前附加镜绕 y 轴转动 5° 的结果

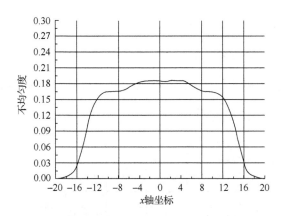

图 4.58 光学积分器辐照曲线

在实际装调过程中发现：前附加镜不仅对辐照均匀度影响微乎其微，对能量影响也相对较低，所以在很多太阳模拟器中，前附加镜往往被省略掉。

后附加镜则在光学积分器的第二个成像关系中起作用，即将投影镜组所有的元素透镜所成的像进行叠加。光学积分器的第二个成像关系主要是影响辐照均匀度的，所以后附加镜的光轴偏差将对辐照均匀度产生很大影响。

后附加镜产生平行光轴的位置误差时，即后附加镜的光轴会使叠加像面的能量中心发生偏移，导致叠加像面的辐照度不对称分布，这样就不可避免地使辐照均匀度变差，后附加镜沿 x 轴平移 2mm 时辐照面的能量分布如图 4.59 所示。理论上这样光轴平移后，能量也会有所降低，但并不明显，在一定移动范围内可以忽略。

后附加镜的另一种光轴误差就是与主光轴的倾斜误差，即后附加镜光轴绕 x 轴、y 轴产生一定的角度，而绕 z 轴转动时则不会影响辐照均匀度。当后附加镜光轴倾斜于主光轴时，单通道的光线追迹如图 4.60（a）所示，平行于光轴的光线经后附加镜的焦点则未偏离主光轴，所以在角度不是很大的情况下，像面依然是中心对称的，但是因为边缘处最佳像点并不在理想像面上，所以像面边缘变得模糊，因而边缘的能量也有所减弱，这也导致了积分器像面能量的不均匀。图 4.60（b）为叠加像面的实际成像结果。但总的来说，后附加镜光轴偏移对辐照均匀度的影响比场镜组和投影镜组的影响小[12]。

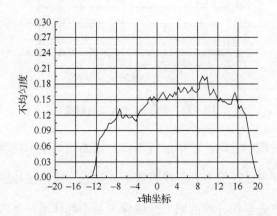

图 4.59　积分器后附加镜沿 x 轴平移 2mm 时辐照面的能量分布图

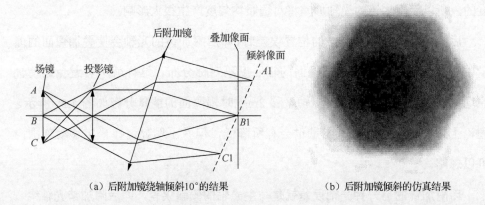

（a）后附加镜绕轴倾斜10°的结果　　　　　　　　（b）后附加镜倾斜的仿真结果

图 4.60　积分器后附加镜光轴倾斜时对辐照均匀度的影响

3. 光学积分器整体光轴一致性对辐照均匀度的影响

通常在太阳模拟器的光学系统装调中，光学积分器是作为一个整体放入光路

中的，所以光学积分器整体的位置误差和偏移误差也会对辐照面上的辐照均匀度
产生影响。光学积分器整体光轴与整个光路主光轴的一致性误差只有两种，一种
是光轴平行的方位偏移误差，另一种是与主光轴产生倾斜角度误差，如图 4.61
所示。

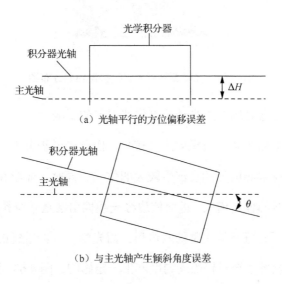

（a）光轴平行的方位偏移误差

（b）与主光轴产生倾斜角度误差

图 4.61　光学积分器光轴一致性误差

（1）光学积分器光轴与主光轴方位偏移误差的影响。

当光学积分器整体光轴与主光轴平行但存在位置偏移误差时，首先是聚光系
统能量中心偏离光学积分器中心通道，且对称边缘产生不对称的能量分布，由
图 4.29 所示的光学积分器匀光原理可知，光学积分器匀光的关键在于对称补偿，
即入射能量的对称性，场镜的对称分布以及投影镜的对称分布，在光轴产生平行
偏移后，导致入射能量的偏移，这也将导致太阳模拟器辐照面处产生不对称的光
斑形状。同时，由于光轴偏离能量中心，边缘会有部分能量被拦掉，对光能利用
率会有影响。光轴偏移后太阳模拟器辐照分布如图 4.62 所示。

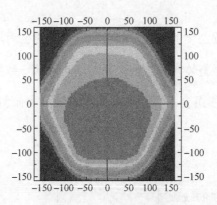

图 4.62　光轴偏移后太阳模拟器辐照分布图

（2）光学积分器光轴与主光轴角度偏移误差的影响。

由于太阳模拟器光学系统纵向尺寸较长，因此光学积分器光轴与主光轴产生一个小的偏角，在辐照面处就会产生较大的位移。同时，光学积分器的偏角将导致其孔径边缘光线的偏角增大，进而使边缘光线偏出准直系统孔径，被镜筒拦掉，从而会导致辐照面光斑不是完整的六边形。而光学积分器透镜的边缘散射情况也增强，既损失了能量也会对辐照均匀度产生一定影响。图 4.63 是光学积分器整体绕 x 轴旋转 1° 时的辐照分布图。从图中可以看出，辐照面下边缘明显有遮拦现象[13]。

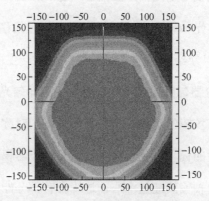

图 4.63　积分器倾斜时的辐照图

综上所述，光学积分器是保证太阳模拟器辐照均匀度指标的关键器件，所以对光学积分器的研究是十分重要的。本节从光学积分器自身结构出发，根据应用光学理论，通过建立光学积分器的成像模型和完整的太阳模拟器模型，来具体对引起光学积分器对应元素透镜光轴一致性误差的原因与辐照均匀度的关系进行分析和讨论，通过仿真给出辐照面处现象和对辐照均匀度影响的结论，来为光学积分器以及整个太阳模拟器的装调测试提供依据。因为光学积分器的误差对辐照均匀度较为敏感，所以光学积分器的镜筒设计和加工要求较高。同时，也要求光学积分器镜筒与太阳模拟器壳体有严格的配合。以上的仿真结果，有些可以凭眼睛观察现象看出，有些可以根据运用辐照计实际测量数据给出，根据这些现象和数据结果，可以有针对性地制订出科学完整的装调计划和步骤，形成完善的装调流程，这样会大大降低装调的盲目性，缩短装调周期。

参 考 文 献

[1]　陈大华. 氙灯的技术特性及其应用[J]. 光源与照明, 2002, 4(2): 18-20.

[2]　蒋永平, 徐琴玉. 高压短弧氙灯及其使用[J]. 现代电影技术, 2007(4): 30-37.

[3]　仲跻功. 非球面聚光镜辐照度分布的计算方法[J]. 太阳能学报, 1985(1): 41-47.

[4]　EDDY R. Design and construction of the JPLSS15B solar simulate [C]//Third Space Simulation Conference,USA, 1968.

[5]　张国玉, 吕文华, 贺晓雷, 等. 太阳模拟器辐照均匀性分析[J]. 中国光学与应用光学, 2009, 2(1): 41-45.

[6]　刘洪波. 太阳模拟技术[J]. 光学精密工程, 2001, 9(2): 177-181.

[7]　STEINMANN D E. Design and testing of a solar kiln simulator[J].Holzals Rohund Werkstoff, 1990, 48(12): 445-448.

[8]　VOELKEI R,WEIBLE K J.Laser beam homogenizing: limitations and constraints[C]//SPIE, 2008, 7102: 71020J.

[9]　贾文武, 汪岳峰, 黄峰, 等. 复眼透镜在激光二极管阵列光束整形中的应用[J]. 中国激光, 2011, 38(2): 0202008.

[10]　王国名, 张国玉, 刘石, 等. 提高太阳模拟器辐照均匀性的光学系统优化设计[J]. 激光与光电子学进展, 2014, 51(012204): 1-7.

[11]　钟民, 张国玉, 林子棋, 等. 气象用太阳模拟器光学系统仿真[J]. 气象水文海洋仪器, 2010(4): 1-4.

[12]　王国名, 张国玉, 刘石. 光学积分器对辐照均匀性影响的仿真分析[J]. 光学技术, 2013, 39(6): 499-504.

[13]　王国名, 张国玉. 太阳模拟器光学系统设计[D]. 长春: 长春理工大学, 2014.

第5章　机械系统设计与分析

5.1　传热学理论基础

5.1.1　热传递的形式

热量的传递形式主要有热传导、热对流和热辐射。通常情况下，热量的传递是以上两种形式或三种形式的结合[1]。

（1）热传导。

物体各部分无相对位移或不同物体直接接触时，依靠微观粒子热运动而进行的热量传递现象就是热传导。导热是物质的属性，导热过程可以在固体、液体及气体中发生。但是，在各种介质的导热机理是不一样的。

导热现象的规律已经被总结为傅里叶定律，傅里叶定律又称导热基本定律，数学表达式为

$$\varphi = -\lambda A \frac{\mathrm{d}t}{\mathrm{d}x} \tag{5.1}$$

式中，φ 为热流量，W；λ 为导热系数，W/(m·K)；A 为热量通过的物体面积 m^2。

当物体的温度只在 x 方向变化时，根据傅里叶定律，热流密度的表达式为

$$q = \frac{\varphi}{A} = -\lambda \frac{\mathrm{d}t}{\mathrm{d}x} \tag{5.2}$$

式中，q 为热流密度，W/m^2。

（2）热对流。

只依靠流体的宏观运动传递热量的现象称为热对流。

一般情况下，对流和导热现象是相伴发生的。热对流过程中，质流密度 $m(\mathrm{kg}/(\mathrm{m}^2 \cdot \mathrm{s}))$ 保持恒定的流体由温度 t_1 位置流至 t_2 处置，其比热容为 $c_p(\mathrm{J}/(\mathrm{kg} \cdot \mathrm{K}))$，则此热对流传递的热流密度为

$$q = mc_p(t_2 - t_1) \qquad (5.3)$$

工程上，经常涉及的传热现象往往是流体在与它温度不同的壁面上流动时，两者间产生的热量交换，可分为自然对流和强制对流两大类。通常采用牛顿冷却公式进行计算：

$$\phi = Ah\Delta t \qquad (5.4)$$

式中，ϕ 为对流换热量，W；h 为对流换热表面传热系数，W/($\mathrm{m}^2 \cdot \mathrm{K}$）；$\Delta t$ 为流体与壁面的温差，℃。

（3）热辐射。

物体由于具有温度而辐射电磁波的现象称为热辐射。物体温度越高，单位时间内辐射的热量越多。热传导和热对流都需要有传热介质，但热辐射不需要任何介质，它是在真空中唯一的传热方式。试验表明：物体的辐射能力与温度有关。黑体的吸收本领和辐射本领在同温度的物体中是最大的。

任何传热问题都是上述三种基本的传热方式，而太阳模拟器传热是三种基本形式的有机组合。

5.1.2　稳态传热和瞬态传热

根据物体的温度分布随时间变化的关系可知，热量传递过程可分为稳态传热

过程和瞬态传热过程两大类。当处于稳态传热时，温度只随位置变化而不随时间变化。在稳态热分析中，任意节点的温度都不随时间变化。稳态热分析的能量平衡方程：

$$[K]\{T\} = \{Q\} \tag{5.5}$$

式中，[K]为传导矩阵，包含导热系数、对流系数、辐射率和形状系数；{T}为节点温度向量；{Q}为节点热流率向量，包含热生成。

当处于瞬态传热时，温度既随位置变化又随时间变化。瞬态热分析的能量平衡方程：

$$[C]\{\overline{T}\} + [K]\{T\} = \{Q\} \tag{5.6}$$

式中，[C]为比热矩阵；$\{\overline{T}\}$为温度对时间的导数。

5.1.3　单值性条件

导热问题的单值条件有四类，即几何条件、物理条件、时间条件和边界条件。

（1）几何条件：说明导热物体的几何形状和大小。

（2）物理条件：说明导热过程中物体的特征（导热系数、比热容和密度等）。

（3）时间条件：说明导热过程随时间进行的特点。稳态导热过程不随时间而改变，因此没有时间条件；非稳态导热过程则需给出初始时刻导热物体的温度分布，称为初始条件，即

$$\begin{cases} \tau = 0 \\ t = f(x, y, z) \end{cases} \tag{5.7}$$

最简单的初始条件是初始温度均匀分布，即 $\tau = 0$，$t = 0$。

（4）边界条件：研究的是导热过程与周围环境的作用[2]。

常见的边界条件为以下三类。

①一类边界条件。给出导热物体边界上任意时刻的温度分布。

$$\tau > 0 \text{ 时}, \quad t_w = f_1(x, y, z, \tau) \tag{5.8}$$

非稳态导热时，$\tau > 0$ 时，$t_w = f_1(\tau)$；稳态导热时，$t_w =$ 常数。

②第二类边界条件。给出导热物体边界上任意时刻的热流密度分布。

$$\tau > 0 \text{ 时}, \quad -\lambda \left(\frac{\partial t}{\partial n} \right)_w = f_2(x, y, z, \tau) \tag{5.9}$$

非稳态导热时，给出关系式：

$$\tau > 0 \text{ 时}, \quad -\lambda \left(\frac{\partial t}{\partial n} \right)_w = f_2(\tau) \tag{5.10}$$

稳态导热时，式（5.10）可化简为

$$q_w = -\lambda \left(\frac{\partial t}{\partial n} \right)_w = \text{常数}$$

式中，q_w 为热流密度值。

③第三类边界条件。

已知边界面周围流体温度 t_f 和边界面与流体之间的表面传热系数 h，这类边界条件可表示为

$$-\lambda_s \left(\frac{\partial t}{\partial n} \right)_w = h(t_w - t_f) \tag{5.11}$$

式中，h 及 t_f 均可为时间和空间坐标的函数。

5.2　太阳模拟器机械结构设计

以某大型太阳模拟器的机械结构设计为例，其主要由七部分组成，分别是箱体、氙灯调整机构、组合聚光镜调整机构、转向平面反射镜支撑机构、光学积分器与光阑机构、准直光学系统机构和支撑底座机构。其机械结构示意图如图 5.1 所示。

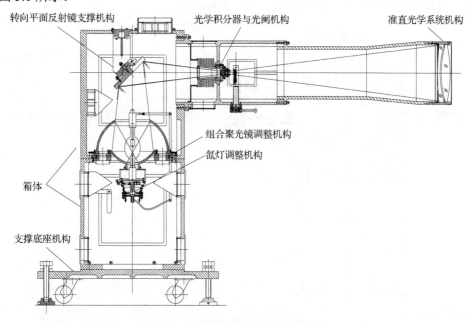

图 5.1　太阳模拟器机械结构示意图

由于某大型太阳模拟器使用高功率的短弧氙灯作为光源，故要求输出具有高辐照度，但氙灯的低转换效率决定了太阳模拟器本身具有较大的热载荷，需要良好散热装置；另外，还要考虑各光电元器件的安装牢固和可调整性，只有各光电元器件合理布置，太阳模拟器光学系统才能发挥最佳功效。所以，在保证各支撑结构的安装和可调性的前提下，对系统的散热要进行合理的设计，对热量集中的零部件要进行单独的热控设计，确保各元器件的正常工作。

5.2.1 箱体的设计

箱体的作用是为各个元器件的正常工作提供能够安装调整、散热冷却和消除杂散光的密闭风冷环境，主要包括上箱体、隔板 1、下箱体、隔板 2、联接箱体和联接镜筒，如图 5.2 所示。为方便加工和安装，上下箱体和联接箱体都是方形箱体，其他采用柱形箱体，箱体间通过螺钉联接。

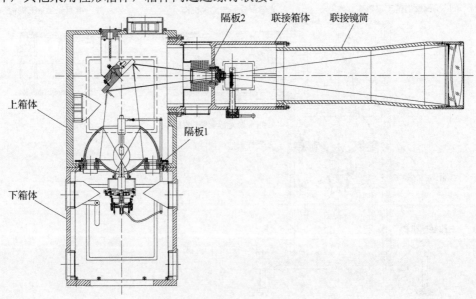

图 5.2　箱体机械结构示意图

太阳模拟器的光源氙灯是整个箱体的热源。氙灯工作过程中，箱体内部的温度在持续升高，因此设计时在保证箱体刚度和强度的前提下，还要考虑其耐热性，选择合理的位置安装风机，使整个箱体具有良好的散热性，保证内部部件的稳定工作。

置于上箱体、下箱体和联接箱体中的主要部件包括组合聚光镜及其调节机构、转向平面反射镜及其支撑机构和光学积分器及其调整机构。在上箱体和下箱体之间设计隔板 1，组合聚光镜及其调整机构固定在隔板 1 上，这样便于对组合聚光镜的位置进行固定；在上箱体和联接箱体之间设计隔板 2，光学积分器及其调整结构安装在隔板 2 上，隔板 2 将联接箱体分成两部分，这种固定方式便于安装和调整光学积分器。

另外，箱体采用注塑模浇铸铸造工艺，材料选择铸铝合金。这种材料具有很多优点，比如浇铸出的模型质地均匀、砂眼小，具有较好的机械特性，较高的热稳定性，而且环保。箱体内壁喷涂了耐高温的黑色无光漆，可以减少杂散光的形成。

5.2.2　冷却方式的选择与设计

1. 冷却方式的种类

太阳模拟器内部热量较为集中，考虑太阳模拟器的机械结构、材料和氙灯安装方式等原因，需采用有效的热控措施在太阳模拟器内部和外部实现热交换，保证太阳模拟器工作时，各组件的温度都保持在规定的范围内，从而满足高可靠性和高精度的工作要求。

目前，可供热控措施选择的冷却方式主要有以下几种：

（1）自然冷却技术；

（2）强迫空气冷却技术；

（3）蒸发冷却技术；

（4）液体冷却技术；

（5）热管、冷板、热电制冷、半导体制冷等新型冷却技术。

以某型太阳模拟器要求输出辐射功率为 1 个太阳常数，出于使用环境和结构的复杂程度考虑，采用强迫风冷的方式进行冷却降温，并使用低噪声高功率的轴流风机和离心风机，对热量集中的区域，单独进行风冷处理。同时，设计出合理的风道，形成有效的热对流，将箱体内部的热量排出，保证太阳模拟器各组成部分正常工作。

2. 箱体内部热源分布

由太阳模拟器的工作原理可知：在太阳模拟器的内部，大功率氙灯发出的光通量，经聚光系统反射并汇聚到光学积分器入射端面，再经光学积分器均匀化处理后，通过准直光学系统以平行光的形式射出。那么，内部热载荷主要集中在氙灯（主要是氙灯阳极处）、聚光系统和光学积分器，而转向平面反射镜和准直物镜的热能则相对有所降低。

为了更为准确地得出主要热源位置，便于对各光学元件的安装和调整装置进行结构热设计，利用热敏电阻测温仪对太阳模拟器各组件在最大功率下的温度分布进行了实测，结果如表 5.1 所示。

表 5.1　各组件温度分布实测结果

组件名称	温度分布/℃	组件名称	温度分布/℃
氙灯阳极	183	光学积分器	中心：270.5，边缘：81.2
氙灯阴极	75	联接箱体	42.6
聚光系统	外壁：73 内壁：203	联接镜筒	35.1
下箱体	42	准直物镜	35
上箱体	36	准直镜机构	33.3
转向平面反射镜	镜面：92，背部：35	输出辐射中心	80

从表中数据可知，热能主要集中在氙灯的阳极，其次是光学积分器和聚光系统，而转向平面反射镜、准直光学系统和箱体分布的热能很少。通过试验发现：在太阳

模拟器氙灯长时间工作的情况下，转向平面反射镜、光学积分器和聚光系统的温度可依靠辐射散热以满足使用要求，故仅需为氙灯阴阳极设计专门的导热机构。

3. 箱体内部风冷的设计

箱体主要为各种元器件的正常工作提供能够安装调整、散热冷却和消除杂散光的密闭风冷环境。由于采用强迫风冷设计，在风阻一定的情况下，风量是衡量风冷散热器散热能力的重要指标，风量越大散热效果越好。同样风量的情况下，散热效果与风的对流方式和对流速度有关。

氙灯需要单独的风冷冷却，根据氙灯要求的冷却风速，合理地选择风机。同时，对箱体风道进行合理的设计，采用强迫风冷的方式进行冷却降温，形成有效的空气对流，将冷空气吸入箱体，将热量排出箱体[3]。

1）风道的设计

在散热片材质相同的情况下，风量是衡量风冷散热器散热能力的重要指标。显然，风量越大的散热器其散热能力也越好。这是因为空气的热容是一定的，更大的风量可以在单位时间内带走更多的热量。同样风量的情况下，散热效果与风的对流方式及对流速度有关。

采用强迫风冷技术主要是为了在密闭箱体内形成空气热对流，将各部分的热量从出风口带走。另外，氙灯的冷却风速为 10m/s，合理地确定箱体风道就变得尤为重要，风道设计遵循的基本原则如下。

（1）风道截面尽可能规整，避免出现突变的膨胀和收缩，在大弯曲处应避免不合理的截面。所有弯曲处，应设计较大的内圆角半径，使风道的压力损失减小。

（2）风道出入口的截面面积应尽可能一致。出风口截面面积越大，压力损失越小，孔型流速越低。因此，风道在缝接处和连接处的空气泄漏量不能超过 0.56L/s。

（3）整个风道尽可能短，弯曲的数量及截面面积的变化应尽可能少。

（4）空气流速越低，产生的噪声就越小，噪声限制必须满足相关国际标准。

根据太阳模拟器的光学结构和工作特点，依据风道的设计原则，将风冷系统分为两个风通道。由上下箱体组成风道 1，联接箱体以右部分组成风道 2，如图 5.3 所示。

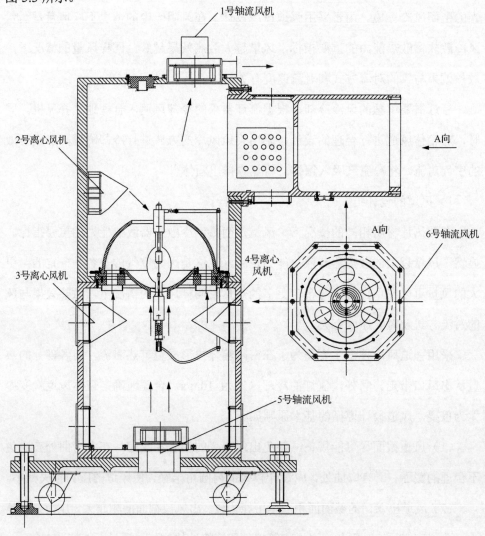

图 5.3　箱体风道的确定

风道 1 中，在箱体的顶部安装了 1 号轴流风机，将箱体内热空气源源不断地抽出。在上箱体靠近氙灯阳极的位置，安装了 2 号离心风机，可以直接对氙灯阳极和聚光系统送风冷却。同时，1 号和 2 号风机带动的空气流动直接冲击在氙灯和聚光系统表面，在流场中造成很大的扰动，在表面形成广泛的紊流区域，可以达到很好的散热效果。3 号和 4 号离心风机通过聚光系统的散热孔，将聚光系统内部的热量排出，加快了空气流动，起到很好的散热作用。5 号轴流风机一方面将冷空气源源不断的送入箱体，另一方面也对氙灯的阴极起到冷却的作用。

另外，考虑在下箱体靠近底部边缘开数个小通风口，当热流交换不畅时，通过开关通风口来改善整个箱体的环境温度，以减少热集中。在风道 2 中，联接箱体的一侧面安 6 号轴流风机，另一侧开有数个 $\phi 10\text{mm}$ 的网孔，顶部开有送风口，形成空气对流，对光学积分器进行冷却。

综上所述，可以看到设计的风道合理，引导气流冲击散热表面，造成扰动，在流场中引入紊流，增加局部对流，加强了换热，从而提高散热效果，同时解决了由于气流压头损失过大，流速下降过多，影响散热效果的难题。

2）风机的选取

由于采用了吸入冷空气散热方式，即进风口吸入的冷空气，流经箱体并吸收箱内的热量后，冷空气温度升高，并经风机从出风口排出箱体，所以风机的风量应能将全部热量带走。其中，风量与总耗散热量、空气温升之间的关系表示如下：

$$q_m = \frac{Q}{\Delta t C_p} \tag{5.12}$$

式中，q_m 为空气的质量流量，kg/s；Q 为箱体内热量，W；C_p 为空气的定压比热容，J/（kg·K），取 C_p =1005J/（kg·K）；Δt 为出进风口的空气温升，取 Δt =50℃。

另外，空气的体积流量与质量流量的关系如下：

$$q_v = \frac{q_m}{\gamma} \tag{5.13}$$

式中，q_v 为空气的体积流量，m^3/s；γ 为空气密度，kg/m^3，取 $\gamma = 1.23kg/m^3$。

由式（5.12）和式（5.13）计算得到需排出全部热量所需的风量为 $5.3m^3/min$，考虑风量的泄漏损失及提高散热的可靠性，取两倍的余量，初步选择最大风量为 $15m^3/min$ 的风机。

风道 1 中 2 号、3 号和 4 号风机选用小型工频离心风机，其输入功率为 200W，风量 $10m^3/min$，噪声 72dB(A)；1 号、5 号和 6 号风机选用轴流风机，其输入功率为 80W，噪声 65dB(A)。

5.2.3 氙灯调整机构及热控结构

氙灯作为太阳模拟器的光源，对太阳模拟器的影响很大，尤其对辐照面上的辐照度和辐照均匀度影响最大。其中，氙灯的离焦可以改善辐照面上的辐照均匀度，因此要合理地设计氙灯的调整机构，保证足够的调节量与调节稳定性。同时，氙灯是太阳模拟器中的主要热源，其热控结构的设计也十分关键[4]。

1. 氙灯调整装置

根据系统要求和参数设置，氙灯采用垂直的点燃方式，采用这种方式点燃时，氙灯不会发生弧飘现象，工作稳定，如图 5.4 所示为氙灯调整机构。

将氙灯下端部直接固定到阴极衬套上，阴极衬套具有良好的导电性和较好的导热性，再将阴极衬套安装在调整架上，调整架由水平调节机构、升降调节机构和角度调节机构组成，可以实现氙灯六自由度的调节，并有锁紧装置。氙灯阴阳极通过极棒联接，由于氙灯的点燃需要有瞬间的高压，所以为防止漏电的发生，在极棒的外侧套有绝缘衬套，氙灯阴阳两极通过电缆与极棒连接，这样可以保证氙灯的正常点燃和工作。

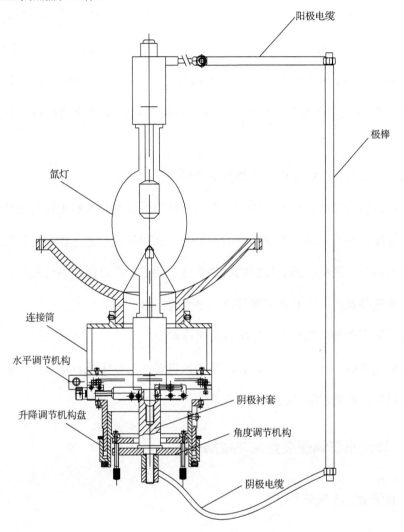

图 5.4　氙灯调整机构

2. 氙灯热控结构

氙灯的电光转化效率为 0.45 左右，电能除转化为光能外，还有部分转化成热能，并主要集中在氙灯的阳极[5]。若氙灯阳极长时间处于高温状态，会影响氙灯的使用寿命，因此要采用合理的措施对氙灯进行散热，且散热装置的尺寸要小，避免对氙灯的发光产生遮挡作用，影响辐照均匀度，下面介绍两种氙灯冷却方法[6]。

（1）采用具有良好导电和散热作用的紫铜。

采用紫铜为氙灯散热时，紫铜的两端分别通过耐高温镀锌电缆与氙灯阳极和阳极软连接。在不影响调整灵活性的前提下，面积越大越好，以此提高氙灯通过紫铜板的热传导效果，起到良好的散热作用。同时，氙灯阴极通过紫铜衬套安装在六维调整装置上，也起到了增强热传导性的作用。

（2）采用离心风机对准氙灯阳极直接冷却。

根据氙灯的冷却风速要求，使用离心风机对准氙灯阳极直接风冷，该方式降温效果较好，可确保氙灯的长时间正常工作。

5.2.4 聚光系统调整装置及热控结构

1. 组合聚光系统调整装置

组合聚光系统的调整装置利用三顶三拉原理，采用调整环和径向、轴向调整螺钉对组合聚光系统的水平位置和倾斜角度进行微调，使组合聚光系统光轴与光学系统光轴同轴，如图 5.5 所示。

其中，调整环上的径向调整螺钉推动组合聚光系统沿 x、y 方向移动，调整环上的轴向调整螺钉用于调整组合聚光系统的倾斜角度，调整好的位置由调整环的锁紧螺钉锁紧。

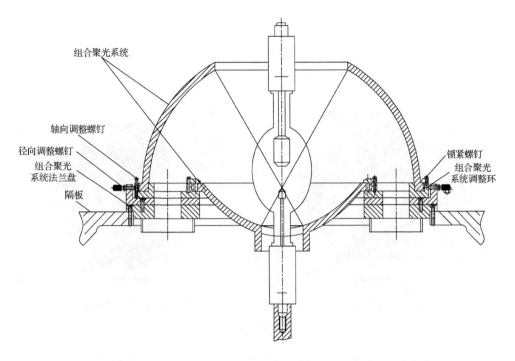

图 5.5　组合聚光系统调整机构

2. 组合聚光系统热控结构

利用 ANSYS 软件对组合聚光系统温度场进行分析[7]，如图 5.6 和图 5.7 所示，可以看到在椭球聚光镜第一焦点附近，温度较高，热变形较大，热应力使椭球聚光镜出瞳孔径收缩，而椭球聚光镜下端口部位几乎没有任何改变，这样将导致组合聚光镜中椭球曲面面型发生改变，从而降低聚光系统的聚光效率，最终影响辐照面上的辐照度。

综上所述，为了保证组合聚光系统的正常工作，需要很好地解决其热变形问题。在组合聚光系统外壁增加环状散热片的数量，这样既起到散热作用，又强化了椭球聚光镜第一焦点附近的刚度，减小热变形量；并在固定组合聚光镜的圆盘上开数个通风孔，使用风机将内部的热量抽出，排出太阳模拟器箱体外，对其进行热控制。改进后的组合聚光镜的热控结构图如图 5.8 所示。

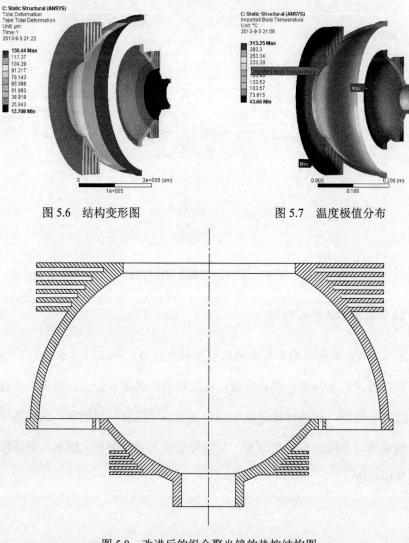

图 5.6　结构变形图　　　　　　　　图 5.7　温度极值分布

图 5.8　改进后的组合聚光镜的热控结构图

5.2.5　转向平面反射镜的支撑机构及热控结构

1. 转向平面反射镜结构

转向平面反射镜采用实心的单基板，形状是圆柱体。为了便于调整和散热，转向平面反射镜背部采用球冠结构，在转向平面反射镜镜座内，转轴能够灵活转动，方便实现调节。同时，在转向平面反射面背部加工导热槽，对其自身散热。转向平面反射镜结构如图 5.9 所示。

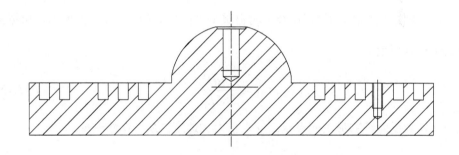

图 5.9　转向平面反射镜结构

转向平面反射镜应具有较强的刚度，做到体积小、重量轻且对温度不敏感，在重力及热环境影响下的面形精度应满足光学设计对镜面面形的要求，并保证转向平面反射镜具有较好的尺寸稳定性和可靠性。

在对转向平面反射镜进行设计的过程中，其厚度是一个很重要的参数。转向平面反射镜的厚度影响其热稳定性、刚度、强度、自重以及装调时的难易程度。因此，要选择合适的径厚比，使其在保证自身的刚度和强度的前提下，具有良好的热稳定性，且制造成本低，安装方便。

转向平面反射镜由于自重引起的镜面变形量为

$$\delta = K \cdot \frac{\rho}{E} \left(\frac{D^2}{t_{反}} \right)^2 \tag{5.14}$$

式中，K 为比例常数；ρ 为反射镜基底材料的密度；E 为弹性模量；D 为反射镜的直径；$t_{反}$ 为反射镜的厚度。

由式（5.14）可知，转向平面反射镜因自重引起的镜面变形量除了与弹性模量和密度有关，还与其直径的四次方成正比，与厚度的二次方成反比。如果设计的转向平面反射镜重量较大，则会对整个系统带来不利影响，且支撑结构重量会相应加大，转动惯量增大。

对于圆形反射镜，径厚比 D/h 与自重变形的关系如式（5.15）所示，可据此公式进行合理设计。

$$\delta = \frac{3\rho g D^2}{256E} \tag{5.15}$$

式中，δ 为反射镜的最大变形量；g 为重力加速度；E 为弹性模量。

2. 转向平面反射镜支撑结构设计

转向平面反射镜支撑结构的设计原则是尽量减少结构对镜面带来的不良影响。同时，考虑工作环境，则既要具有良好的热稳定性又要具有高联接刚度。

常用的支撑方式有：周边支撑、侧面支撑及背部支撑。根据太阳模拟器中转向平面反射镜的工作特点，采用背部支撑方式。

转向平面反射镜支撑点的数量和位置，可由式（5.16）得出。该式是在转向平面反射镜测试过程中，为防止自重变形大于规定的 pv 值给出的。

$$N = \frac{1.5r^2}{t_{圆}} \left(\frac{\rho g}{E\delta} \right)^{\frac{1}{2}} \tag{5.16}$$

式中，r 为圆盘半径；$t_{圆}$ 为圆盘厚度；δ 为允许的 pv 值。

当要求转向平面反射镜的重力变形小于 $\lambda/10$（$\lambda=0.6328\,\mu m$）时[8]，由式（5.16）便可得到经验的固定点数，再综合运动学理论，采用三点固定的方式对转向平面反射镜进行支撑固定。

转向平面反射镜的三个支撑点所在的圆为平衡圈，平衡圆的半径将转向平面反射镜分成重量相等的两部分，计算公式为式（5.17），支撑点布局图如图 5.10 所示。

$$R_{E} = \left(\frac{\sqrt{2}}{2}\right)R_{max} \tag{5.17}$$

式中，R_{E} 为平衡圆半径；R_{max} 为转向平面反射镜半径。

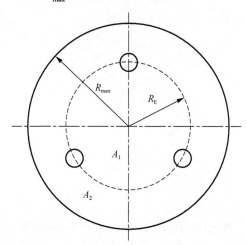

图 5.10　支撑点布局

转向平面反射镜在系统中起折转光路作用，其支撑结构要便于转向平面反射镜的安装和调节，尤其是反射镜角度的调节。调整装置主要由小反射镜、调整螺钉、吊架、联接螺钉、预紧弹簧和反射镜调整座组成，如图 5.11 所示。

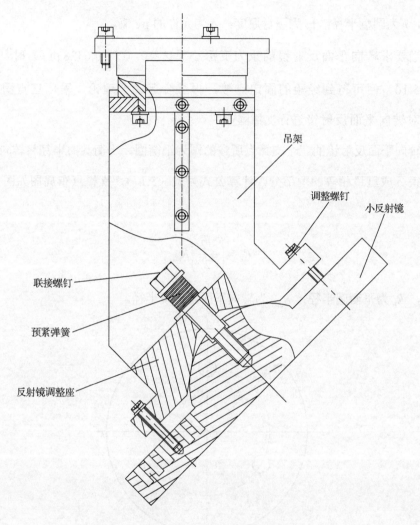

图 5.11　转向平面反射镜支撑调整机构图

　　在转向平面反射镜的平衡圈上有三个调整螺钉，通过这三个螺钉可以实现转向平面反射镜的角度调节。同时，转向平面反射镜调整座的圆锥槽与球头配合，使转向平面反射镜可在槽内以一定角度自由旋转，也可以进行角度的调节。反射镜与镜座的联接靠螺钉实现，且在螺钉与镜座之间放有弹簧，可防止预紧力过大使反射镜镜面产生应力变形。另外，整个支撑装置通过吊架固定在太阳模拟器上箱体壁上。

3. 转向平面反射镜热控结构

转向平面反射镜位于组合聚光系统和光学积分器之间，起折转光路的作用，由此，转向平面反射镜是一个热量集中的部件。在转向平面反射镜设计时，要充分考虑热控设计，消除由于高温环境对转向平面反射镜光学及机械性能的影响。

转向平面反射镜上端置于风冷系统的出风口，为了更好地散热，在转向平面反射镜背面开一定数量的直方槽，增大转向平面反射镜背面与周围空气的接触面积，直槽方向朝出风口，提高其热交换能力。同时，减轻了转向平面反射镜的重量，有利于轻量化设计，图 5.12 为转向平面反射镜散热片结构图。

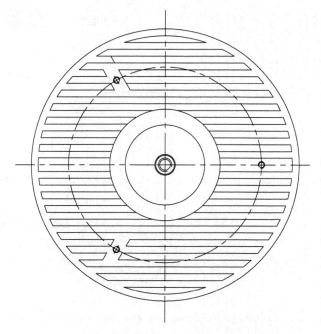

图 5.12　转向平面反射镜散热片结构图

5.2.6 光学积分器机构及热控结构

1. 光学积分器机构

光学积分器的作用是以整体离焦或投影镜组离焦，改善辐照面上的辐照均匀度，但由于其工作时长期处于高温状态，因此必须合理地设计其光机结构，以保证太阳模拟器出射光斑的辐照特性。

光学积分器主要由积分器场镜筒、投影镜筒、积分器光学系统（包括场镜、投影镜、附加镜）、视场光阑及垫圈等组成，图 5.13 为光学积分器的结构图。

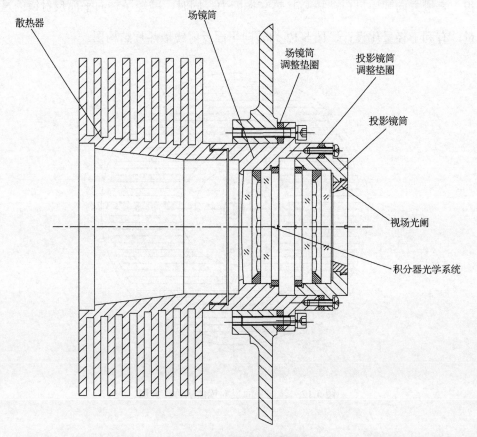

图 5.13　光学积分器结构

光学积分器在整个光学系统中位置的调整可通过修磨场镜筒调整垫圈厚度来实现；场镜组和投影镜组相对位置的调节可通过修磨投影镜筒调整垫圈厚度来实现，即对投影镜组件进行适当的离焦。另外，考虑到光学积分器位于太阳模拟器光学系统第二焦点处，热量比较集中，为实时散热，在其端口位置设计了散热器。

2. 光学积分器热分析

光学积分器处于聚光镜的第二焦面处，工作时承受着很高的热负荷，且光学积分器所具有的光学特性与太阳模拟器的辐照均匀度直接相关，因此光学积分器的工作性能直接影响太阳模拟器的整体性能。

虽然光学积分器的散热机构通过热对流的形式进行散热，但仍需对材料的热变形进行详细分析，才能设计出更优的结构参数，以保证太阳模拟器整体性能。目前，常用耐高温材料的物理参数如表 5.2 所示。

表 5.2　常用耐高温材料物理参数

材料	弹性模量 E/Pa	泊松比 ν	密度 ρ /(kg/m³)	线膨胀系数 α /℃	热容 C/(J/(kg·℃))
铝合金	68×10^9	0.33	2700	21.4×10^6	921
不锈钢	200×10^9	0.29	7800	13.3×10^6	554.4
钛合金	114×10^9	0.29	4400	8.9×10^6	611
铟钢	150×10^9	0.25	8300	7.5×10^6	502
石英	74.6×10^9	0.167	2200	0.55×10^6	787
氧化铝陶瓷	240×10^9	0.22	3940	6.4×10^6	837
石英陶瓷	70×10^9	0.152	2100	0.56×10^6	861.1

从加工工艺性、材料的物理特性和成本等方面考虑，采用耐高温、线膨胀系数小、价格较低的铟钢，作为场镜筒、投影镜筒、视场光阑及其相关的隔圈和压

圈的材料[9]。由于调整垫圈热载荷相对较低，其材料采用不锈钢；为了提高光学积分器的热交换效率，散热片采用铝合金材料。

光学积分器热分析的目的在于得到其轴向尺寸的变形量，以确定金属元件轴向热变形所造成的光学系统离焦程度。首先，建立光学积分器温度场模型，汇聚光束经过光学积分器，温度场分布由中心向边缘、从右向左依次降低；然后，运用 ANSYS 软件对所建立的光学积分器模型进行分析，传热方式为静态空气对流换热[10]；最后，施加正确的对流边界条件后，得到分析结果如图 5.14 所示。

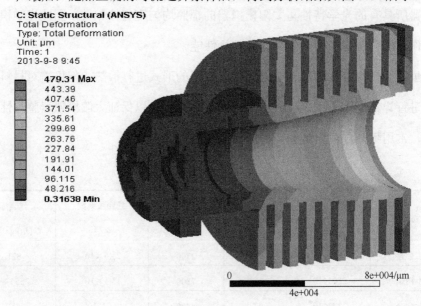

图 5.14 镜筒热分析图

散热器靠近聚光镜一侧形变最大，沿光路方向形变越来越小，镜筒沿轴向的最大变形量为 31μm，可以保证太阳模拟器整体性能。

3. 光学积分器散热器结构优化

散热器采用空心圆柱翅片型，在进行散热器设计的过程中，首先要考虑的是散热器的散热效果，光学积分器处于热量集中区域，散热器散热效果的好坏直接关系到光学积分器能否正常工作；其次要考虑所设计的散热器重量，重量太大会导致积分器的应力变形。所以，对散热器进行优化设计时，在保证高散热效率的前提下，要实现轻量化的要求。

（1）散热器传热分析。

散热器微观热传导模型如图 5.15 所示。图中①区域表示散热器内表面的热交换 ，②区域表示散热器外表面与空气之间的热交换。

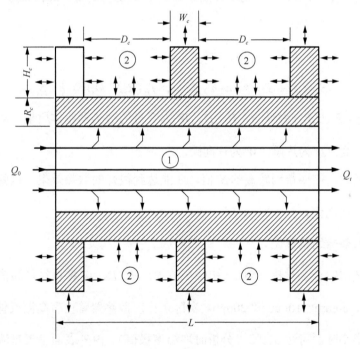

图 5.15　散热器微观热传导模型

假设热传导处于稳态，S_0 为进入散热器的热总量，S_t 为经过散热器的出口热量，散热器的散热由 S_{Rc}、S_{Hc}、S_{Dc}、S_{Qc} 几部分组成，则进入散热器的热量、散热量和出口热量关系如下：

$$S_0 = S_{Rc} + S_{Hc} + S_{Dc} + S_{Qc} + S_t \tag{5.18}$$

令 $S_c = S_{Rc} + S_{Hc} + S_{Dc} + S_{Qc}$，则有能量公式：

$$S_0 = S_c + S_t \tag{5.19}$$

式中，W_c 为散热器的散热量。

根据质量与能量公式有

$$S = k \cdot m \cdot h \tag{5.20}$$

式中，S 为热量，kW；k 为物质传热系数；m 为物质质量，kg；h 为物质焓值，kW/kg。

联立式（5.19）和式（5.20）可得

$$S_0 = S_c + S_t = k \cdot m \cdot h + S_t = k \cdot f_M(R,H,D,W) \cdot h + S_t \tag{5.21}$$

式中，$f_M(R,H,D,W)$ 为以 R、H、D、W 为变量的散热器整体质量；R 为管体厚度；H 为片高；D 为片厚；W 为片间距。

综上所述，需要得到较高的 S_c 值，才能达到很好的散热效果，这就需要对散热器进行结构优化。

（2）散热器结构优化。

材料选用铝合金材料 2A12，初始参数 R、H、D、W 按以往经验值给出，分别为 5mm、60mm、10mm 和 20mm。实际工作时散热器管内有高温气体流过，在氙灯工作半小时后可达 315℃（分析时取温度极值）。内外表面空气对流系数分别为 0.294W/mm²、4.1×10⁻⁵W/mm²，其温度场分布如图 5.16 所示，可知温度最高为 320.19℃，最低为 258.17℃；散热器散热量为 14210W，整体质量为 19.876kg。但是考虑到散热器所处的位置，要求其质量小于 16kg，散热量最小要高于 11000W。对初始设计参数进行优化，以实现最佳结果[11]。

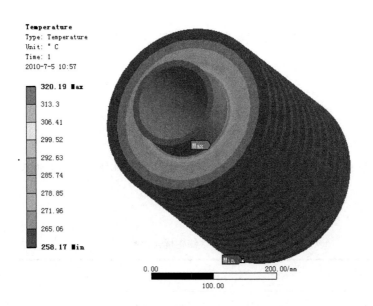

Temperature
Type: Temperature
Unit: ° C
Time: 1
2010-7-5 10:57

320.19 Max
313.3
306.41
299.52
292.63
285.74
278.85
271.96
265.06
258.17 Min

图 5.16　散热器温度分析结果

以散热器的质量 $f_M(x)$ 目标最小，即

$$\max_{x \in R^n} f_M(x) = \max f_M\left[\rho, v(x)\right] \leqslant 16\text{kg} \tag{5.22}$$

式中，$f_M(x)$ 为关于散热器密度 ρ 和体积变量 $v(x)$ 的函数。

通过实际计算，要求散热器的最小散热量 $S_c(x) \geqslant 11000\text{W}$，可表示为

$$\min_{x \in R^n} S_c(x) = \min S_c\left[k(x), c_i, m(x)\right] \geqslant 11000\text{W} \tag{5.23}$$

式中，$S_c(x)$、$f_M(x)$ 为目标函数，$x = [x_1, x_2, \cdots, x_n]^\text{T}$ 为 n 个优化变量组成的向量组；$k(x)$ 为传热系数；c_i 为①区域和②区域的热交换系数；$m(x)$ 为质量函数。

从式（5.23）可以看出热量 $S_c(x)$ 的极值是关于质量 $f_M(x)$ 的函数，优化目标函数中包含 4 个目标参数，即管体厚度 R、片高 H、片厚 W 和片间距 D，参考散热器的初步设计参数，提出优化参数的约束条件：

$$g_j = \left\|[x_R, x_H, x_W, x_D]\right\| \leqslant \left|g_{aj}\right| \tag{5.24}$$

式中，g_j 为优化参数约束条件；g_{aj} 为约束上下限值。

确定以初始设计值 4 个优化参数为目标，并给出约束条件：

$$\begin{cases} 4mm \leqslant x_R \leqslant 16mm \\ 40mm \leqslant x_H \leqslant 100mm \\ 4.5mm \leqslant x_W \leqslant 16mm \\ 9mm \leqslant x_D \leqslant 35mm \end{cases}$$

经过优化得到最优解如表 5.3 所示。优化后整体质量为 13.504kg，散热量为 11888W，满足要求，设计合理。

表 5.3   结构优化参数

对象名称	R	H	W	D
设计值/ mm	8	55	8	22
温度/℃	237.54～320.18			
质量/kg	13.504			
热量/W	11888			

5.2.7   视场光阑机构及热控结构

为了模拟太阳张角，在太阳模拟器准直光学系统焦面位置，设置了视场光阑。光阑位置是热量的集中区域，而太阳张角的模拟与光阑孔直径有直接的关系，形变会影响出射光束的准直精度，因此光阑的设计和材料的选取要考虑热变形的因素。选择热稳定性好的铟钢作为光阑材料。同时，为了防止边缘遮光，光阑孔设计为锥形，通过螺纹联接安装到投影镜筒上。结构如图 5.17 所示。

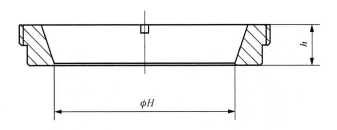

图 5.17 视场光阑结构

对光阑施加 30～150℃的热载荷，分析其热变形量，光阑径向和沿光轴方向的热变形云图如图 5.18 和图 5.19 所示，在不同温度下孔径尺寸和轴向尺寸的变形量如表 5.4 和表 5.5 所示。

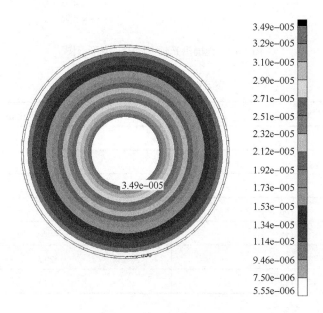

图 5.18 光阑径向的热变形云图

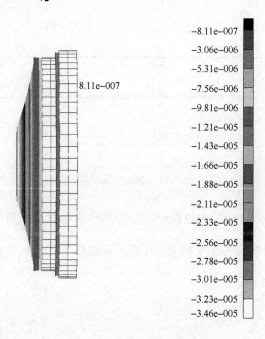

	-8.11e-007
	-3.06e-006
	-5.31e-006
	-7.56e-006
	-9.81e-006
	-1.21e-005
	-1.43e-005
	-1.66e-005
	-1.88e-005
	-2.11e-005
	-2.33e-005
	-2.56e-005
	-2.78e-005
	-3.01e-005
	-3.23e-005
	-3.46e-005

图 5.19　光阑沿光轴方向的热变形云图

表 5.4　光阑径向热变形

设定温度/℃	光阑孔径尺寸变化/μm
30	0
50	-1.6
80	-3.9
100	-8.2
120	-14.4
140	-20.5
150	-27.1

注：孔变大为+，孔变小为-

表 5.5　光阑沿光轴方向的热变形

设定温度/℃	光阑轴尺寸热变形/μm
30	0
50	-1.5

续表

设定温度/℃	光阑轴尺寸热变形/μm
80	-4.6
100	-7.6
120	-8.6
140	-10.4
150	-12.7

注：向右移动为+，向左移动为 -

通过仿真可以看出：随着温度的升高，视场光阑的口径缩小，在沿光轴的方向上，尺寸向左产生小量形变。这时将光阑孔设计成圆锥形，并适当地增加光阑孔厚度，这样可以增加视场光阑的刚度，起到减小热变形作用，满足了模拟太阳张角的要求。

5.2.8　准直光学系统机构

准直光学系统机构由联接镜筒和准直镜筒组成，其结构如图 5.20 所示。联接镜筒用铸铝（ZL102 或 ZL103）材料、准直镜筒用 LY12 材料制作。它们之间采用螺纹连接并与外壳镜筒螺钉连接，准直镜采用常规固定方法固定，并可修磨隔圈调整两物镜之间的距离，隔圈用#35 钢材料制作。

本章对传热学进行了简单的介绍，首先，明确热量主要以热传导、热对流和热辐射三种基本方式进行传递。根据物体的温度分布随时间的变化关系，热量传递过程分为稳态传热过程和瞬态传热过程两大类。接着，给出了导热问题的四类的单值条件：几何条件、物理条件、时间条件和边界条件。并在此基础上，对太阳模拟器的机械结构进行了设计。由于模拟器光源使用大功率的氙灯，在模拟器内部的各个零部件的散热就成为一个急需解决的难题。本章使用强迫风冷的方式，对风道进行了合理设计。同时，利用 ANSYS 软件，对各主要热集中零部件进行了分析，给出了合理的热控结构，保证了太阳模拟器各部分的正常工作。

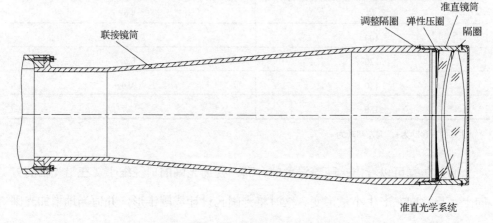

图 5.20　准直光学系统机构结构图

参 考 文 献

[1]　赵惇殳. 电子设备热设计[M]. 北京: 电子工业出版社, 2009.

[2]　杨世铭, 陶文铨. 传热学[M]. 北京: 高等教育出版社, 2006.

[3]　陈家奇, 陈玉峰, 王丽, 等. 高准直太阳模拟器的设计与仿真[J]. 光机电信息, 2011, 28(11): 68-74.

[4]　张军, 高明辉. 真空应用太阳模拟灯的热分析方法[J]. 光学技术, 2010, 36(6): 736-739.

[5]　苏克强, 陈长征, 任建岳, 等. 真空罐内应用的太阳模拟灯阵热设计[J]. 中国光学与应用光学, 2009, 2(6): 489-494.

[6]　陈平, 张一军, 朱镭. 热管在典型密封电子设备热设计中的应用[J]. 航空计算技术, 2010, 40(4): 83-85.

[7]　张国智. ANSYS10.0 热力学有限元分析实例指导教程[M]. 北京: 机械工业出版社, 2007.

[8]　黎明, 吴清文, 余飞. 基于热光学分析的光学窗口玻璃厚度的优化[J]. 光学学报, 2010, 30(1): 210-213.

[9]　刘石, 张国玉, 孙高飞, 等. 太阳模拟器用光学积分器设计[J]. 光子学报, 2013, 42(4): 467-470.

[10]　贾阳, 万强, 张容, 等. 太阳模拟器准直镜热设计方法[J]. 航天器环境工程, 2004, 21(2): 29-38.

[11]　刘石, 张国玉, 孙高飞, 等. 高精度准直式太阳模拟器光机结构设计[J]. 红外与激光工程, 2015, 44(4): 1229-1235.

第6章 太阳模拟器装调与测试

6.1 太阳模拟器的主要技术指标

6.1.1 太阳辐照度

太阳辐照度是指在单位时间内垂直投射到单位面积上的太阳辐射能量，是太阳模拟器的一项重要技术指标，表征了太阳光辐射强弱。要求太阳模拟器的辐照度值在模拟范围内连续可调。

6.1.2 光谱辐照度分布

1. 光谱辐照度分布的评价标准

太阳光谱辐照度分布精度是指太阳模拟器光谱模拟曲线与太阳光谱的匹配程度，主要为 AM1.0 和 AM1.5。由于太阳入射到地球不同维度的天顶角不同（入射光线与地面法线的夹角），即光程不同，因此相对的等效大气质量也不同。用公式 AM≈1/cosz（z 为天顶角）可知，AM1.5 对于与天顶角 48.2°，另外，赤道上由于天顶角为 0°，所以用 AM1 表示，而太空中没有大气，用 AM0 表示。

包括中国、欧洲、美国在内的大部分国家和地区都处在这个中纬度区域。因此，一般地表上的太阳光谱都用 AM1.5 表示。AM1.0 和 AM1.5 太阳光谱辐照度分布如表 6.1 所示。

表 6.1 AM1.0 和 AM1.5 太阳光谱辐照度分布

波长间隔/ μm	占有效波段内总辐照度的百分比	
	AM1.0 条件 有效波段（0.3～1.1 μm）/ μm	AM1.5 条件 有效波段（0.4～1.1 μm）/ μm
0.3～0.4	9.4	—
0.4～0.5	18.5	18.5
0.5～0.6	18.6	20.1
0.6～0.7	15.8	18.3
0.7～0.8	12.8	14.8
0.8～0.9	10.2	12.2
0.9～1.1	14.7	16.1

按太阳光谱辐照度分布的匹配程度分为 A 级太阳模拟器、B 级太阳模拟器和 C 级太阳模拟器，不同级别太阳模拟器的光谱失配误差如表 6.2 所示。

表 6.2 不同级别太阳模拟器的光谱失配误差

技术指标	级别及其对应技术指标		
	A	B	C
有效辐照面的百分比	≥90%	≥80%	≥70%
不均匀度	≤±2%	≤±5%	≤±10%
不稳定度	≤±1%	≤±2%	≤±5%
光谱失配误差	≤±20%	≤±35%	≤±50%

气象领域中测试太阳辐射表（或总辐射表）用的太阳模拟器，输出的光谱辐照度分布的波长范围为 0.3～2.5 μm，气象领域中太阳模拟器的光谱辐照度分布如

表 6.3 所示。

表 6.3　气象领域中太阳模拟器的光谱辐照度分布

波长间隔/nm	占有效波段内总辅照度的百分比/%
280~400	4.7
400~700	43.3
700~1100	32.8
1100~2500	19.2

2. 光谱辐照度分布的计算方法

各波段范围内的辐照度占有效波段内总辐照度的百分比、光谱失配误差按照式（6.1）～式（6.3）计算：

$$E_{\lambda_1\lambda_2} = \int_{\lambda_1}^{\lambda_2} G_\lambda \mathrm{d}\lambda \tag{6.1}$$

$$\eta_{\lambda_1\lambda_2} = \frac{E_{\lambda_1\lambda_2}}{E_{总}} \times 100\% \tag{6.2}$$

$$\delta_{\lambda_1\lambda_2} = \frac{\eta_{\lambda_1\lambda_2} - \eta_{标准\lambda_1\lambda_2}}{\eta_{标准\lambda_1\lambda_2}} \times 100\% \tag{6.3}$$

式中，$E_{\lambda_1\lambda_2}$ 为 $\lambda_1\sim\lambda_2$ 波段范围内的辐照度总和，W/m^2；G_λ 为在波长 λ 处的光谱辐照度，$W/(m^2 \cdot nm)$[1]；$E_{总}$ 为在波长 $0.3\sim2.5\ \mu m$ 范围内的总辐照度；$\eta_{\lambda_1\lambda_2}$ 为 $\lambda_1\sim\lambda_2$ 波段范围内占有效波段内总辐照度的百分比；$\eta_{标准\lambda_1\lambda_2}$ 为 $\lambda_1\sim\lambda_2$ 波段范围内占有效波段内总辐照度的百分比的标准值；$\delta_{\lambda_1\lambda_2}$ 为 $\lambda_1\sim\lambda_2$ 波段范围内的光谱失配误差[2]。

6.1.3　有效辐照面和有效辐照面位置

在整个辐照面内，辐照度均匀分布的辐照范围只占其中的一部分，这部分均匀辐照范围用有效辐照面的特征尺寸和有效辐照面位置表示。

有效辐照面是圆形的，用其直径表示有效辐照面的大小；有效辐照面是正六边形的，用其内切圆直径表示有效辐照面的大小。

有效辐照面位置也是太阳模拟器的工作距离，由光学系统设计给定。

6.1.4　辐照面不均匀度

在有效辐照面的整个范围内辐照度随位置变化的最大偏差，用辐照不均匀度 $E_{不均匀}$ 表示。辐照不均匀度的计算方法如下：

$$E_{不均匀} = \pm \frac{E_{max} - E_{min}}{E_{max} + E_{min}} \times 100\% \qquad (6.4)$$

式中，E_{max} 为有效辐照面全部范围内测得的最大辐照度，W/m^2；E_{min} 为有效辐照面全部范围内测得的最小辐照度，W/m^2。

6.1.5　辐照面不稳定度

在有效辐照面内任意给定位置和规定的时间间隔内，辐照度随时间变化的最大偏差，用辐照不稳定度 $E_{不稳定}$ 表示。

辐照不稳定度的计算方法如下：

$$E_{不稳定} = \pm \frac{E'_{max} - E'_{min}}{E'_{max} + E'_{min}} \times 100\% \qquad (6.5)$$

式中，E'_{max} 为在有效辐照面的给定位置上，在规定的时间间隔内测得的最大辐照度，W/m^2；E'_{min} 为在有效辐照面的给定位置上，在规定的时间间隔内测得的最小辐照度，W/m^2。

6.1.6　光束准直角

太阳模拟器的光束准直角 θ 是由放在准直光学系统焦平面上的光阑口径 d 和准直光学系统的焦距 f' 决定的，并利用式（6.6）进行计算[3]。

$$\theta = \arctan \frac{d}{2f'} \tag{6.6}$$

6.2　装调方法

提高太阳模拟器光能利用率的方法是设计聚光系统，将光源发出的光线进行二次汇聚，聚光系统可以是椭球聚光镜，也可以是椭球聚光镜叠加球面反射镜。前者是利用椭球聚光镜具有的两个焦点，将位于第一焦点的光源发出的光线，会聚到第二焦点；后者不但利用了椭球聚光镜具有的两个焦点，同时配合设计球面反射镜，球面反射镜的中心点在椭球聚光镜的第一焦点重合，可将更多光线作为有效光线，进而提高了光能利用率。但是，无论是哪种聚光方法，都存在装调困难的问题，具体的就是无法保证椭球聚光镜的光轴与光学系统中的其他组件的光轴具有一致性，由此导致系统光能利用率低。同时，会聚到椭球聚光镜第二焦点的光线，不再满足高斯分布，进而影响了光学积分器的匀光效率，导致太阳模拟器辐射均匀性差。

本节以某大辐照面积发散太阳模拟器为例，结合其光学系统组成，提出了一种可有效提高太阳模拟器光轴一致性的调整方法，从而确保了大辐照面积太阳模拟器技术指标的实现，并进一步提高太阳模拟器的辐照度和辐照均匀性，同时对相近类型的太阳模拟器光轴装调具有一定的借鉴意义。

6.2.1 指标参数

某大辐照面积发散太阳模拟器的主要技术指标如表 6.4 所示。

表 6.4 大辐照面积发散太阳模拟器的主要技术指标

技术指标	指标要求
工作距离/mm	≥20000
光斑直径/mm	≥1500
辐照度	≥1 个太阳常数（1367W/m²）
辐照面不均匀度	≤±10%（工作距离 20000mm）

该太阳模拟器的辐照面直径远大于准直太阳模拟器的辐照面要求，相应的辐照度要求与准直太阳模拟器要求无异，因此大辐照面积发散太阳模拟器光学系统在准直太阳模拟器光学系统基础上，做如下完善。

（1）将椭球聚光镜与球面反射镜结合组成组合聚光系统。其中，椭球聚光镜和球面反射镜的光轴重合，球面反射镜的球心和椭球聚光镜的第一焦点重合，可有效地改善系统的辐照度、能量利用率、辐照度分布、包容角、光通量及杂散光消除等特性。

（2）采用两块反射平面镜组成转向平面反射镜组，用于实现光路的二次折转，减小光学系统轴向尺寸和径向尺寸。

大辐照面积发散太阳模拟器光学系统组成如图 6.1 所示。

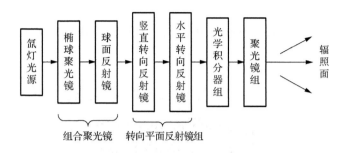

图 6.1 大辐照面积发散太阳模拟器光学系统组成图

6.2.2 光轴调整方法

根据太阳模拟器的装调与测试原则，即边调节边测试的原则，氙灯光源需在太阳模拟器光轴建立之后进行安装与调整，因此太阳模拟器光轴调整包括组合聚光系统、平面反射镜、光学积分器和聚光镜组同轴一致性误差装调[4]。

1. 光轴一致性误差补偿结构设计原则

大辐照面积发散光学系统为同轴透视式光学系统，为了确保组合光源系统、转向平面反射镜组、光束整形系统和双排复眼透镜阵列及发散投影光学系统的光轴一致性，因此需要组合聚光系统、光束整形系统和双排复眼透镜阵列及发散投影光学系统能够实现径向位置与倾斜角度调节，转向平面反射镜组能够实现定心倾斜调节。组合聚光系统、光束整形系统和双排复眼透镜阵列及发散投影光学系统的调节结构在倾斜调节方式的基础上，分别可以通过增加径向螺纹调节方式与修磨内部调整垫圈厚度的方式，即可满足系统的装调要求，因此需要研究光轴一致性的误差补偿结构中倾斜结构的设计原则，指导误差补偿结构设计。

由于转向平面反射镜组受力变形会对大辐照面积发散光学系统的性能产生一定的影响，因此转向平面反射镜倾斜调节机构的支撑设计应遵循如下原则。

（1）被支撑件自由状态有 6 个自由度，支撑要在不过定位的状态下完全约束这 6 个自由度。

（2）支撑结构应保证反射镜在其所有工况中均满足平衡方程组[5]：

$$\begin{cases} \sum Fx = 0, \sum Fy = 0, \sum Fz = 0 \\ \sum Mx = 0, \sum My = 0, \sum Mz = 0 \end{cases} \tag{6.7}$$

（3）支撑点的分布设计时尽可能使支撑点均匀分布。对于具有反向压紧的情况，保持压紧与支撑力共线，否则会造成附加力矩的产生。

（4）对于多点支撑的拓扑设计时，为尽可能提高支撑效率，应尽量采用等边三角形或接近等边三角形的形式。对于三点支撑来说，按照薄板理论，每个点分担的面积与变形关系如下[6]：

$$\delta_{rms} = \gamma_N \frac{q}{k} \left(\frac{A}{N} \right)^2 \tag{6.8}$$

式中，δ_{rms} 表示镜面变形均方根值；γ_N 表示支撑效率；N 表示支撑点数；k 表示弯曲强度；A 表示薄板面积；q 表示载荷。

经过计算可知常用支撑点排布形式的支撑效率为：正六边形 $\gamma_6 = 2.36 \times 10^{-3}$，正方形 $\gamma_4 = 1.33 \times 10^{-3}$，等边三角形 $\gamma_3 = 1.19 \times 10^{-3}$。等边三角形的支撑形式效率最高。考虑到反射镜支撑结构要便于反射镜的安装和角度的调整，因此调整结构采用球形连接配合三点倾斜调整方式，在反射镜支撑平板上设计有三个上顶 V 形槽以及在倾斜微调底板上设计有下拉导向槽，虽然三个 V 形槽从理论上看似增加了多余的约束，但因加工误差与螺纹间隙相互补偿，所以使用时也能达到满意的效果。同时，大辐照面积发散光学系统的倾斜调整结构采用统一化的设计原则，有助于提高大辐照面积发散光学系统的光轴调整效率，因此倾斜调节结构设计采用等边三角形的支撑布置形式。

2. 短弧氙灯调节结构

由 4.2 节内容可知，短弧氙灯的阴极斑在组合聚光系统中椭球聚光系统的第一焦点，同时短弧氙灯光轴与组合聚光系统光轴重合时，最接近大辐照面积发散光学系统的理想工作状态。但是由于加工装调等一系列因素的影响，实际工作状态与理想工作装调不一致，因此在最终的调试过程中，需要利用短弧氙灯调节结构对实际大辐照面积发散光学系统带有的总体误差进行一定的补偿，因此要求短弧氙灯调节结构能使短弧氙灯在三维空间做直线运动的同时，具备一定的倾斜调整范围。因此，将短弧氙灯调节机构与组合聚光系统的椭球聚光系统连接，采用高精密加工手段使两者轴线重合，保证在未进行倾斜调整时，短弧氙灯的光轴与组合聚光系统光轴重合。在辅以二维倾角调节装置和三维位移调节装置，即可满足短弧氙灯调节结构的功能需求。短弧氙灯调节结构如图 6.2 所示。

3. 装调基准光轴建立

在对大辐照面积发散光学系统进行光轴装调之前，首先应建立装调基准光轴。由于大辐照面积发散光学系统的两端分别为组合聚光系统和双排复眼透镜阵列及发散投影光学系统。同时，组合聚光系统自身的椭球聚光系统与球面反射系统之间需要装调，因此，选用双排复眼透镜阵列及发散投影光学系统的光轴作为大辐照面积发散光学系统的装调基准光轴。

此时，装调基准光轴的建立即利用经纬仪实现双排复眼透镜阵列及发散投影光学系统的光轴指示。利用经纬仪的自准直原理，配合调试用十字分划板组件建立装调基准光轴。调试用十字分划板组件上安装十字分划板，十字分划板为一中心刻有十字标线的平面反射镜；十字分划板安装于调试用十字分划板组件时，应保证十字分划板的十字标线与调试用十字分划板组件外圆中心重合，以及调整十

字分划板表面与调试用十字分划板组件外圆轴线垂直。调试用十字分划板组件外
圆能够与双排复眼透镜阵列及发散投影光学系统安装镜筒内孔定位圆相配合，保
证其轴线与安装镜筒重合。建立基准光轴分为如下两步。

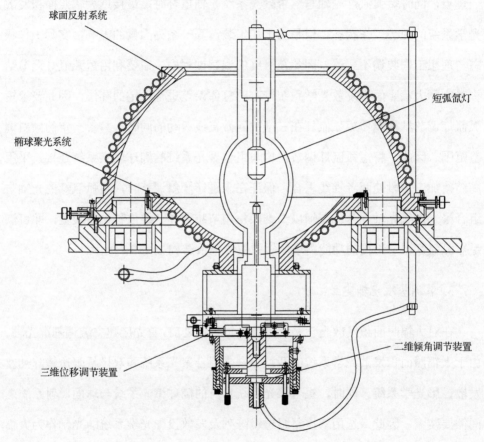

图 6.2　短弧氙灯调节结构

（1）将已经自身装调完成的"调试用十字分划板组件"安装至双排复眼透镜
阵列及发散投影光学系统安装镜筒内孔处，调整经纬仪与双排复眼透镜阵列及
发散投影光学系统安装镜筒的相对位置，使经纬仪瞄准十字标线中心，且经纬
仪通过十字分划板的自准直像与自身十字叉丝重合，基准光轴建立第一步装调
原理如图 6.3 所示。

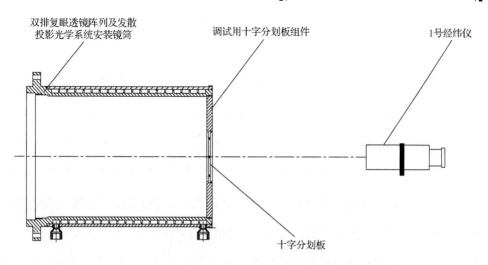

图 6.3　基准光轴建立第一步装调原理

（2）取下"调试用十字分划板组件"，将 2 号经纬仪与 1 号经纬仪互瞄，然后依次装入双排复眼透镜阵列及发散投影光学系统，并调节光学元件的径向位置与倾斜角度，确保两台经纬仪叉丝重合，通过调节经纬仪均能观测到经纬仪自准直成像，此时，双排复眼透镜阵列及发散投影光学系统的光轴与 1 号经纬仪和 2 号经纬仪建立的互瞄光轴重合，装调基准光轴由双排复眼透镜阵列及发散投影光学系统光轴传递至 1 号经纬仪与 2 号经纬仪建立的互瞄光轴轴线，基准光轴建立第二步装调原理如图 6.4 所示。

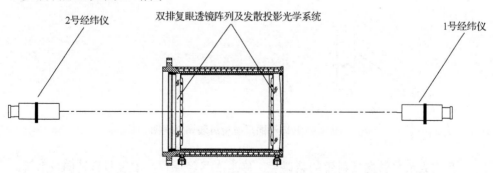

图 6.4　基准光轴建立第二步装调原理图

4. 转向平面反射镜组装调

转向平面反射镜组由竖直转向反射镜和水平转向反射镜组成，两者的装调方法完全一致，因此，仅以水平转向反射镜为例对转向平面反射镜组装调的装调方法进行说明。光路转向装置的装调同样需要经纬仪配合调试用十字分划板组件，利用自准直功能实现。将"调试用十字分划板组件"安装至镜筒另一侧的调试内孔处，将 2 号经纬仪经过光路转向装置反射对十字分划板自准直成像，调整光路转向装置与经纬仪使经纬仪通过十字分划板的自准直像与自身十字叉丝重合，此时光路转向装置光轴与直接辐射模拟系统基准光轴重合，转向平面反射镜组装调原理如图 6.5 所示。

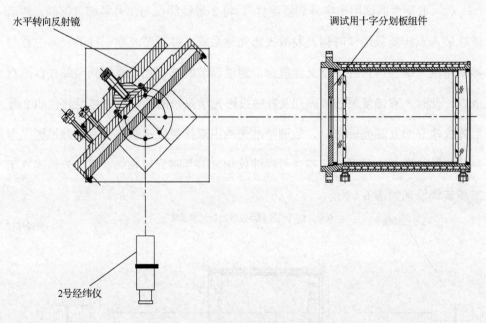

水平转向反射镜　　　　　　　　　　　　　　　　调试用十字分划板组件

2号经纬仪

图 6.5　转向平面反射镜组装调原理图

在完成水平转向反射镜的装调后，移走 2 号经纬仪，安装竖直转向反射镜。竖直转向反射镜的装调方法与水平转向反射镜的装调方法原理一致，但是竖直方向架设经纬仪比较困难，需要五棱镜实现光路折转进行辅助装调。利用 2 号经纬仪经过竖直转向反射镜和水平转向反射镜对十字分划板自准直成像，若自准直像与经纬仪叉丝不重合，则反复调整经纬仪与竖直转向反射镜直至自准直像与叉丝重合为止，此时竖直转向反射镜光轴已经与太阳模拟器基准光轴装调完成。

5. 组合聚光系统装调方法

由于椭球聚光系统和球面反射系统的体积及重量均较大，同时需要布置水冷回路，若将椭球聚光系统和球面反射系统光轴安装后，再进行太阳模拟器的光轴装调具有较大难度，因此需依次将椭球聚光系统和球面反射系统分别与建立完成的太阳模拟器基准光轴完成装调。

6. 椭球聚光系统装调方法

椭球聚光系统的装调可以通过二维平移调整机构与经纬仪，构建基于等腰三角形三线合一定理的几何条件，进而建立椭球聚光系统的自身光轴。同时需要能够与椭球聚光系统下端边缘固定，能够实现平移和倾斜调整的激光指示器指示装调装置，为后续装调提供基准。椭球聚光系统装调分为五步。

（1）利用经纬仪与椭球聚光系统上沿（与光轴垂直）平行的反射镜进行自准直成像，若自准直像与经纬仪叉丝不重合，则反复调整经纬仪直至自准直像与叉丝重合为止，此时经纬仪光轴与椭球聚光系统光轴平行。椭球聚光系统第一步装调原理如图 6.6 所示。

（2）在保持经纬仪不转动的基础上，将经纬仪紧固在平移调整机构上，调节平移调整机构，调节过程中经纬仪通过反射镜进行自准直成像，若自准直像与经纬仪叉丝不重合，则调整平移调整机构至自准直像与叉丝重合为止，此时平移调整机构的调整方向与经纬仪光轴垂直。椭球聚光系统第二步装调原理如图 6.7 所示。

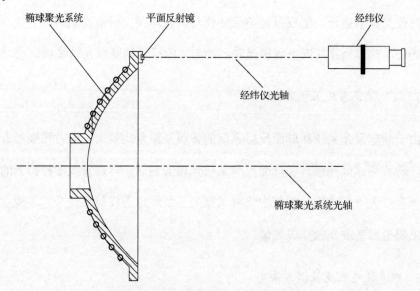

图 6.6 椭球聚光系统第一步装调原理图

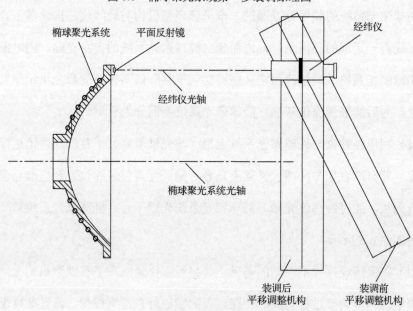

图 6.7 椭球聚光系统第二步装调原理图

（3）取下反射镜，调整平移调整机构，使经纬仪测得两侧椭球聚光系统上沿边缘角度相同，此时经纬仪光轴与椭球聚光系统光轴重合。椭球聚光系统第三步装调原理如图 6.8 所示。

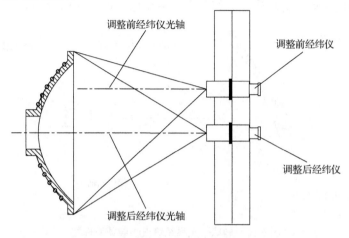

图 6.8　椭球聚光系统第三步装调原理图

（4）将光轴激光指示器安装于椭球聚光系统下沿，调整光轴激光指示器，使经纬仪观测到其出射光束与经纬仪叉丝重合，此时激光指示器光轴即为椭球聚光系统光轴。椭球聚光系统第四步装调原理如图 6.9 所示。

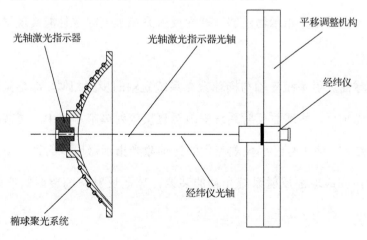

图 6.9　椭球聚光系统第四步装调原理图

（5）将椭球聚光系统安装至太阳模拟器中，调节椭球聚光系统调整结构，使1号经纬仪中观测到的光轴激光指示器出射光束与经纬仪叉丝重合，完成椭球聚光系统光轴的装调。椭球聚光系统第五步装调原理如图 6.10 所示。

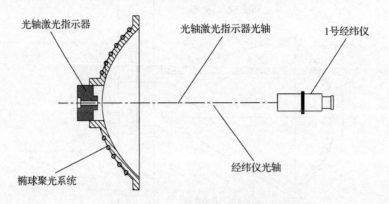

光轴激光指示器

光轴激光指示器光轴

1号经纬仪

椭球聚光系统

经纬仪光轴

图 6.10　椭球聚光系统第五步装调原理图

7. 球面反射系统装调方法

球面反射系统的装调方法与椭球聚光系统的装调方法类似，同样需要平移调整机构、光轴激光指示器与经纬仪，其中平移调整机构具有与调节方向平行的基准镜，光轴激光指示器能够与球面反射系统上沿固定且能实现平移和倾斜调整。

装调球面反射系统光轴与椭球聚光系统光轴的步骤相似，都是先建立球面反射系统光轴后，将球面反射系统安装至直接辐射模拟系统中，调节球面反射系统调节结构，使 1 号经纬仪观测到的光轴激光指示器出射的光束与经纬仪的叉丝重合，完成球面反射系统光轴的装调。球面反射系统装调原理如图 6.11 所示。

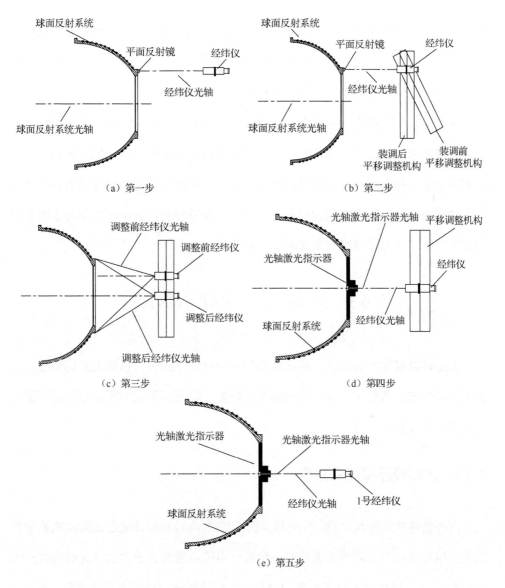

（a）第一步　　　　　　　（b）第二步

（c）第三步　　　　　　　（d）第四步

（e）第五步

图 6.11　球面反射系统装调原理图

8. 光束整形系统装调方法

光束整形系统装调方法与双排复眼透镜阵列及发散投影光学系统的装调方法相同，首先利用两台经纬仪，将光束整形系统的镜片依次装入光束整形系统安装镜筒中，其次调光束整形系统安装镜筒的径向位置与倾斜角度，保证球面反射系统光轴激光指示器出射的光束与 1 号经纬仪的叉丝重合，即完成光束整形系统的光轴装调，至此大辐照面积发散光学系统光轴装调完成。

大辐照面积发散光学系统光轴装调过程中使用经纬仪均为徕卡 TM6100A，其显示分辨率为 0.1″，精度为 0.5″，故光轴装调最高精度为 0.5″，但是装调精度也受到光轴误差补偿结构的调整精度限制，同时太阳模拟器的装调遵循装调和测试同步进行的原则，因此在装调过程中，尽量保证每步装调的精度都接近极限装调误差（即经纬仪光轴对准精度接近 0.5″）[7]。

6.3　主要技术指标的测试方法

太阳模拟器装调完毕后，应对主要技术指标进行测试，包括太阳辐照度、光谱辐照度分布、有效辐照面和有效辐照面位置、辐照面不均匀度、辐照面不稳定度和光束准直角的测试。

6.3.1　太阳辐照度测试方法

点亮氙灯待工作稳定后，将不确定度≤2%的绝对辐射计放在太阳模拟器辐照面上，感光面正对太阳模拟器镜筒，将氙灯电源电流调到最大值（此时测得最大辐照度），在太阳模拟器辐照面范围内从中心到边缘选取特征点进行测量，取点示意图如图 6.12 所示。

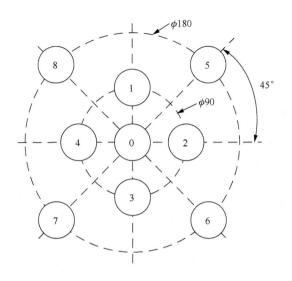

图 6.12　取点示意图

　　然后，通过改变氙灯电源电流，仍然选取上述九个特征点，依次测量其他辐照度值。

6.3.2　光谱辐照度分布测试方法

　　使用光谱仪（波长范围 0.2～2.5 μm）测出各波段范围内的总辐照度，利用式（6.1）～式（6.3）计算各波段范围内占有效波段内总辐照度的百分比，以及各波段范围内的光谱失配误差。

　　也可使用 AM1.5 太阳光谱专用的测试软件配合辐照计进行测试，通过软件处理与 AM1.5 太阳光谱标准谱线进行比对，计算光谱失配误差。测试结果如图 6.13 所示。

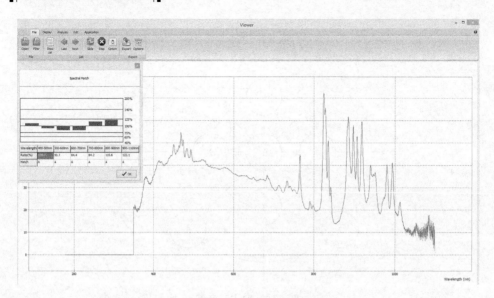

图 6.13 测试界面图

6.3.3 有效辐照面和有效辐照面位置测试方法

有效辐照面特征尺寸大小用卡尺或钢板尺进行测量，测量精度优于±1mm。

有效辐照面位置用激光测距仪进行测量，测量精度优于±5mm。

6.3.4 辐照面不均匀度测试方法

在有效辐照面的整个范围内等间隔地设定 4 个测试圆，在每个测试圆上选择不少于 8 个均布的特征点，如图 6.14 所示。利用辐照计作为测试设备，要求辐照计传感器的口径不大于 $\phi5mm$ ，且辐照计的不确定度≤2%。同时，在测量时，辐照计在有效辐照面的任何位置，都应无遮挡地接受入射的全部光辐射。

在辐照面中心及不同半径圆上各特征点依次测量完成后，找出最大辐照度值和最小辐照度值，由式（6.4）计算有效辐照面内的辐照不均匀度。

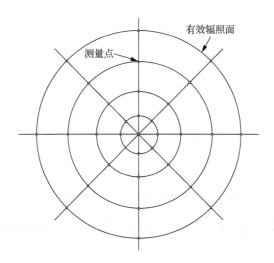

图 6.14 辐照不均匀度测试位置示意图

整个辐照面的测量时间不大于 2min。且在光束输出方向上到有效辐照面 ±10mm 的距离范围内,垂直于光束输出方向的每个辐照面上的辐照不均匀度,都应满足要求。

6.3.5 辐照面不稳定度测试方法

在有效辐照面的整个范围内选定不少于三个位置作为测试辐照不稳定度的特征点,特征点应包括有效辐照面中心、有效辐照面边缘上任意一点、有效辐照面中心和边缘之间任意一点。

利用辐照计作为检测设备,要求辐照计传感器的口径不大于 $\phi5\text{mm}$,且辐照计的不确定度≤2%。同时,在测量时,辐照计在有效辐照面的任何位置,都应无遮拦地接受入射的全部光辐射。

待太阳模拟器工作稳定后,在辐照面中心及各个特征点依次测量,记录测试时间内各特征位置辐照度随时间变化的最大值与最小值，由式（6.5）计算辐照不稳定度。并以最差的一组值作为辐照不稳定度的测试值。其中，辐照不稳定度测试的时长为 1h。

6.3.6　光束准直角测试方法

关闭氙灯光源，将测试光源置于光学积分器上方，点亮测试光源照亮光学积分器及太阳模拟器光阑。利用经纬仪（精度优于 $2''$ ）进行测量[8]，测量原理如图 6.15 所示。

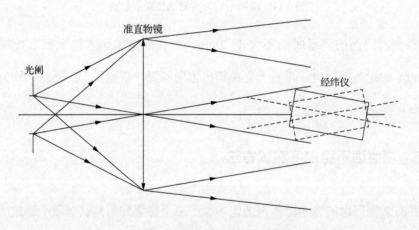

图 6.15　准直角测试方法原理图

测量俯仰方向时，保持经纬仪方位转轴不动，转动俯仰方向转轴，分别对准光阑的上下边缘，两次读数之差即为俯仰方向准直角。测量方位方向时，保持经纬仪俯仰转轴不动，转动方位方向转轴，分别对准光阑的左右边缘，两次读数之差即为方位方向准直角。在经纬仪中观测光阑像的实物图，如图 6.16 所示。

图 6.16　在经纬仪中观测光阑像的实物图

参 考 文 献

[1] 张建镛, 刘淑安, 薛凤仪, 等. 线光谱辐射照度的测量[J]. 计量技术, 1979(2): 6-12,34.

[2] 朱孔硕, 孙健刚, 李果华. LED 太阳模拟器光谱失配对太阳电池测量影响的研究[J]. 中国照明电器, 2015(9): 10-14.

[3] 卢榆孙. 太阳模拟中关于准直角的概念[J]. 中国空间科学技术, 1982(5): 32-34.

[4] 高越, 张国玉, 郑茹, 等. 光学积分器对太阳模拟器辐照均匀性的影响[J]. 光学学报, 2012, 32(6): 193-198.

[5] 严从林. 反射镜支撑结构设计与分析[D]. 北京: 中国科学院研究生院(光电技术研究所), 2013.

[6] JERRY E, NELSON J L. Telescope mirror supports-plate deflections on point supports[J]. SPIE 332, 1982: 212-228.

[7] 张燃, 张国玉, 杨俊杰, 等. 大辐照面积发散太阳模拟器光轴调整方法[J]. 仪器仪表学报, 2018, 39(6): 18-25.

[8] 杨俊杰, 张国玉, 孙高飞, 等. 光电式日照计定标系统与校准方法研究[J]. 仪器仪表学报, 2017, 38(11): 2805-2812.